풍력터빈 블레이드 기술

Wind Turbine Blade Technology

GURIT 저

황 병선 · 박 지상 공역

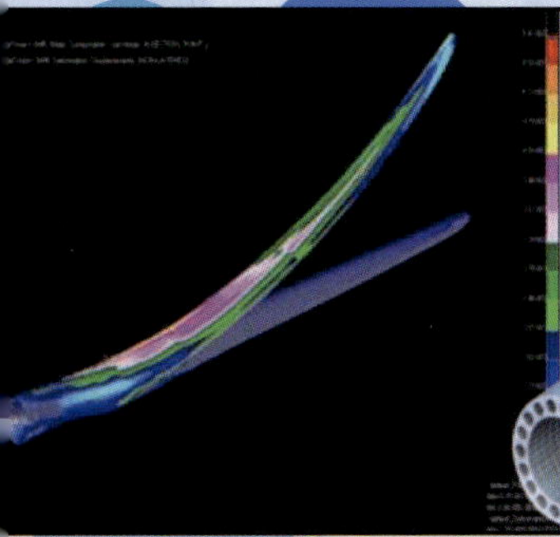

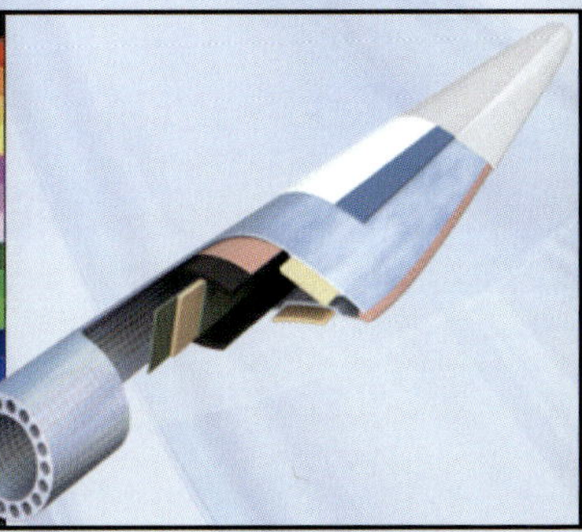

A-JIN 도서출판 아 진

Wind Trubine Blade Technology

Materials and Manufacture

GURIT

"내가 가는 길을 그가 아시나니 그가 나를 단련하신 후에는 내가 순금 같이 되어 나오리라 (욥23 : 10)"

Transkated Edition ISBN : 978-89-5761-503-4

Translated by A-jin Publishing Co.
Printed in Korea

머 릿 말

신재생에너지원으로써 풍력에너지는 상용화에 주도적인 역할을 하고 있다. 지난 수십년간 풍력터빈의 규모는 기하급수적으로 증대되어 왔다. 이에따라 중요핵심 부품인 블레이드의 크기도 증가하면서 관련 기술도 급속히 발전되어 왔다. 설계기술은 물론이고, 소재 및 제조기술도 큰 발전이 있었다.

본 교재는 블레이드와 관련하여 복합재료를 활용한 설계 개념과 재료 및 제조기술에 대한 전반적인 사항을 개괄적으로 다루고 있어, 풍력분야에 관심있는 분에게 기초적인 지식을 전달할 수 있다고 생각하였다. 재료 측면에서는 구체적인 데이터 등을 활용할 수 있기 때문에 매우 실질적인 내용을 활용할 수 있을 것으로 판단하고 비록 특정 제품(회사)을 다루고 있지만 번역하여 기술을 공유할 가치가 있다고 생각하였다.

따라서 역자는 독일 Gurit사의 Wind Energy Handbook을 번역하여 소개하면 독자들이 블레이드에 대한 이해를 높이는데 매우 적절하다고 판단하였다. 따라서 금번 해당사의 copyright에 대한 승인하에 본 교재를 출간하게 되었다.

한국에너지기술평가원이 지원하는 「신재생에너지산업 전문인력양성센터」 사업 일환으로 본 교재를 출간하게 되었고 전담기관 관계자, 주관기관인 전북대학교 신재생에너지소재개발센터 및 아진출판사 관계자에게 감사드린다.

2016년 6월

역자 황병선, 박지상

목 차

그림목차

표 목차

PART

풍력터빈 블레이드 공기역학 Wind Turbine Blade Aerodynamics

1

1.1 개요 - Introduction

풍력터빈 블레이드는 최소비용으로 바람으로부터 최대 출력을 생산하기 위하여 형상이 만들어진다. 우선적으로 설계는 공기역학적 요구사항에 따르지만 경제적인 측면에서 볼 때 블레이드 형상은 제조비용이 적절하도록 타협을 하게 된다. 특히 블레이드는 루트부분에 가까울수록 공기역학적으로 최적형상보다는 두꺼워지는 경향이 있는데 이 부분은 굽힘현상 때문에 응력이 최대가 된다.

블레이드 설계과정은 공기역학적 효율과 구조적인 효율 사이에서 최적의 예측과 타협으로부터 시작하게 된다. 재료와 제조공법의 선정은 블레이드가 얼마나 얇게(공기역학적으로 얇은 것이 이상적이므로) 제조될 수 있느냐에 영향을 미치게 된다. 예를 들면, 탄소섬유 프리프레그 재료는 인퓨젼(infusion)법으로 제조한 유리섬유 재료보다 강성과 강도가 높다. 선정된 공기역학적 형상은 하중을 발생시키고 이 하중은 구조설계에 반영된다. 필요하다면 이 과정에서 인지된 문제들은 형상을 수정하고 공기역학적 성능을 재계산하는데 활용된다.

1.2 바람 - The Wind

바람이라는 것은 명백한 현상이나 바람에 대한 이해는 풍력터빈을 설계하는데 기초가 된다. 바람으로부터 얻는 출력은 풍속의 3승으로 변화하여 풍속이 두 배가 되면 출력은 8배가 된다. 이것은 왜 풍력단지가 매우 신중하게 선정되어야 하는 이유인데 5m/s이하의 풍속에서는 바람을 이용하여 충분한 출력을 얻을 수 없다. 반대로 강풍은 극히 높은 수준의 출력을 제공하지만 경제적인 측면에서 볼 때 터빈이 최대 용량은 대부분의 시간동안 낭비되기 때문에 출력의 최대치에 맞게 만드는 것은 가능하지 않다. 가장 강한 강풍에서는 생존하지만 이보다 낮은 대부분 속도의 풍속에서 출력을 낼 수 있는 터빈과 꾸준한 바람을 가진 사이트가 이상적이다.

바람은 매일 매일 달라질 뿐 아니라 지면의 특성, 기온 및 날씨로 인하여 발생하는 난류 때문에 매초 마다 달라진다. 바람은 지표면의 마찰 때문에 지면 가까이 보다 위로 올라갈수록 강하게 분다. 이런 영향은 터빈 블레이드가 회전할 때 하중에 변화를 가져오고, 다시 말하면 공기역학적 및 구조적 설계가 최적이 아닌 조건에서 대응할 필요가 있다는 것이다.

출력을 추출함으로써 터빈 자체는 바람에 영향을 준다. 터빈 뒤쪽은 공기가 앞쪽 보다 느리게 움직인다. 바람은 블레이드에 도달하기 전에 조차도 속도가 느려지는데, 블레이드는 바람이 디스크(블레이드 팁에 의하여 생기는 원, 회전면적이라 함)를 통과하면서 풍속이 감소되면서 자연풍의 가용한 출력이 감소된다. 디스크를 향하는 바람의 일부는 천천히 움직이는 공기 주위로 흐름이 바뀌어 블레이드를 완전히 벗어나기도 한다. 따라서 주어진 디스크 직경으로부터 추출되는 최적 출력의 양이 존재한다 - 너무 많은 바람을 취하려고 하면 풍속은 너무 느려져서 가용한 출력이 감소하게 된다. 사실 터빈의 바로 앞에서 바람이 풍속의 1/3을 잃게 되더라도 터빈의 후방에서는 2/3정도의 풍속이 감소되는 것이 이상적이다. 이것은 이론적 최대치인 풍력의 59%를 잡는다는 것으로 베츠계수(Betz' s limit)라 한다. 실제적으로는 현재의 설계로는 약 40 - 50%만 도달할 수 있다.

1.3 블레이드 수 - Number of Blades

바람이 가지는 가용한 출력에 제한이 있다는 것은 블레이드 숫자가 많을수록 각 블레이드는 출력을 적게 추출하게 된다는 뜻이다. 결과적으로 공기역학적 효율을 유지하기 위해서는 각 블레이드는 가능한 폭이 좁아져야 한다. 총 블레이드가 차지하는 면적을 회전면적의 비로 나타내는 것을 솔리디티(solidity)라하고 공기역학적으로 주어진 팁속도에 대하여 최적의 솔리디티가 존재한다; 블레이드의 숫자가 많을수록 개개의 블레이드는 폭이 좁아져야 한다. 실제로 최적의 솔리디티는 낮은데(몇 % 정도), 3개 블레이드라도 각 블레이드는 폭이 매우 좁아야 한다. 공기중을 매끄럽게 통과하기 위해서 블레이드는 폭에 비하여 얇아야하고 솔리디티의 제한 때문에 블레이드의 두께 또한 제한을 받게 된다. 더구나, 너무 얇게 되면 블레이드를 강하게 만들기 어렵게 되고, 혹은 비싼 재료가 요구되면 블레이드 단가가 크게 증가하게 된다.

이런 이유로 대부분의 대형터빈은 3개 이상의 블레이드를 사용하지 않는다. 블레이드 숫자에 영향을 주는 다른 요인은 미학적인 사항이다: 일반적으로 3개 블레이드 터빈이 1개 혹은 2개 블레이드 터빈보다는 불안감을 덜 주는 것으로 받아들여진다.

1.4 블레이드와 풍력에너지 획득

항공기 날개같이 풍력터빈 블레이드는 형상 때문에 양력이 발생함으로써 작동한다. 커브가 큰 쪽이 압력이 낮아지고 높은 압력은 에어포일의 다른 쪽을 밀어 올린다. 그 결과는 공기흐름 방향에 수직한 양력이다.

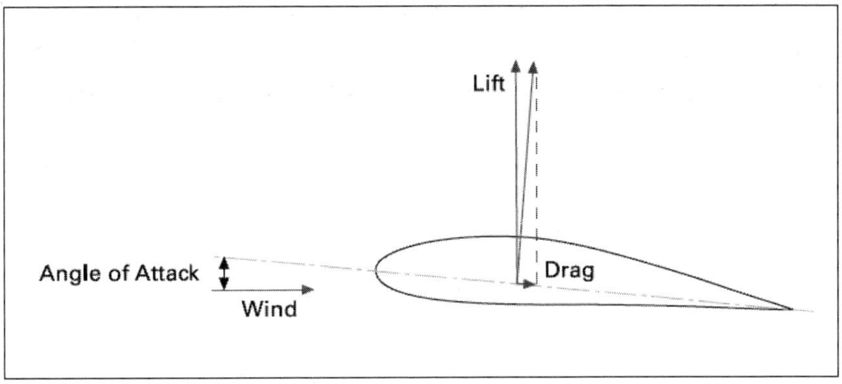

Lift & drag vectors

〈그림1.1 양력과 항력 벡터〉

블레이드가 바람에 대하여 큰 각도로 돌리면 양력은 증가한다. 이것을 받음각(angle of attack)이라 한다. 받음각이 매우 커져서 블레이드는 스톨(stalls)에 이르면 양력은 다시 감소한다. 따라서 최대의 양력을 얻기 위한 최적의 받음각이 존재한다.

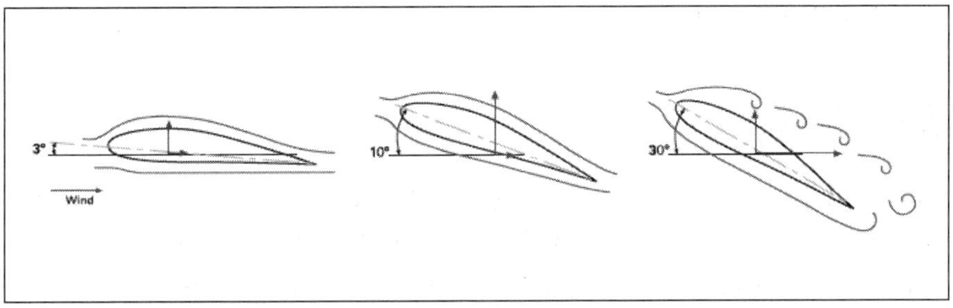

Blade at low, medium & high angles of attack

〈그림1.2 낮은, 중간, 높은 블레이드 받음각〉

불행하게도 블레이드를 지연시키는 힘이 존재한다: 항력(drag)이다. 이것은 바람의 흐름에 평행한 힘이고 받음각이 커짐에 따라 또한 증가한다. 익형(airfoil or airfoil shape)이 좋다면 양력이 항력보다 훨씬 더 크게 되지만 높은 받음각에서는, 특히 스톨현상이 발생할 때, 항력은 급격히 증가한다. 최대의 양력을 일으키는 각도보다 약간 낮은 각도에서는 블레이드가 최대의 양항비(lift/drag ratio)에 도달한다. 최대의 가동점은 이 두 각도 사이가 된다.

항력은 후류방향이므로 풍력터빈에 대해서는 문제가 되지 않는 것으로 보이는데 항력이 터빈의 축에 평행하여 로터의 회전이 감소하지 않을 것이다. 그 현상은 축방향힘 ("thrust"), 터빈의 축에 평행하게 작용하는 힘, 을 생성하는데, 이 때문에 로터의 회전을 증가시키거나 감소시키는 경향은 없다닌 로터가 정지상태(즉, 시동직전)에 있을 때가 이 경우이다. 하지만 공기 속에서 블레이드의 움직임이 뜻하는 것, 즉 블레이드에 관한 한, 은 바람이 다른 각도에서 불어온다는 것이다. 이것을 겉보기 바람(apparent wind)이라 한다. 이 겉보기 바람은 실제 바람보다 강하지만 각도는 터빈에 좋게 작용하는 것은 아니다: 이 바람은 양력과 항력의 각도를 회전시켜 블레이드를 끌어당겨 돌리는 양력의 영향을 감소시키고 회전을 늦추는 항력의 영향을 증가시킨다. 이것은 또한 양력은 로터에 대하여 축방향힘에 기여한다는 뜻이다.

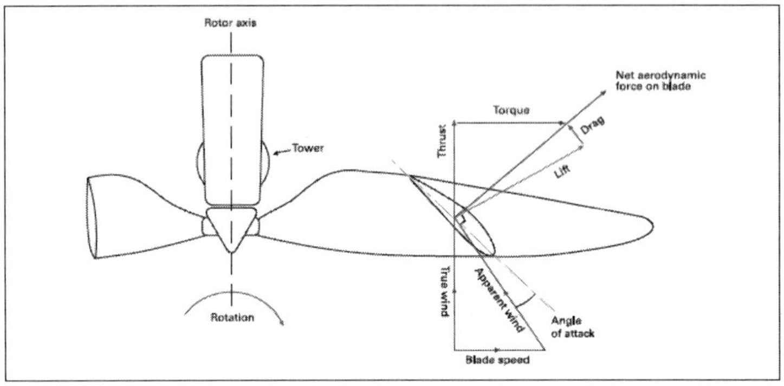

Apparent wind angles

〈그림1.3 겉보기 바람각도〉

이 결과 좋은 받음각을 유지하기 위하여 블레이드는 순수바람각도(true wind angle)로부터 더 각도가 움직여져야 한다.

1.5 비틀림 - Twist

블레이드의 끝단에 가까워질수록, 공기 속을 블레이드가 더 빠르게 움직여서 겉보기 바람각도(apparent wind angle)가 더 커지게 된다. 따라서 블레이드는 루터부분보다는 팁에서 더 비틀어져야 한다. 달리 표현하면 길이에 따라 비틀림을 갖도록 제작된다. 일반적으로 비틀림은 루트에서 팁까지 약 10° - 20° 이다. 블레이드의 비틀림에 대한 요구사항은 제조의 용이성을 부여한다는 의미가 함축되어 있다.

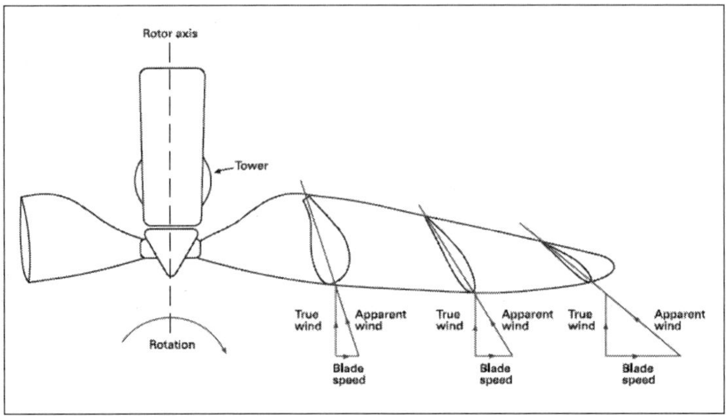

Blade twist

〈그림1.4 블레이드 비틀림〉

1.6 블레이드 단면형상 - Blade Section Shape

블레이드의 비틀림 사항이외에도 터빈 블레이드는 항공기 날개와 비슷한 요구사항들이 있는데, 날개의 단면이 보통 형상이 비슷한 계열에 기반을 두고 있다는 것이다. 일반적으로 최상의 양향특성은 확실히 얇은 에어포일에 의해서 얻어진다: 두께는 코드(시위길이, chord)의 10-15% 밖에 되지 않는다.

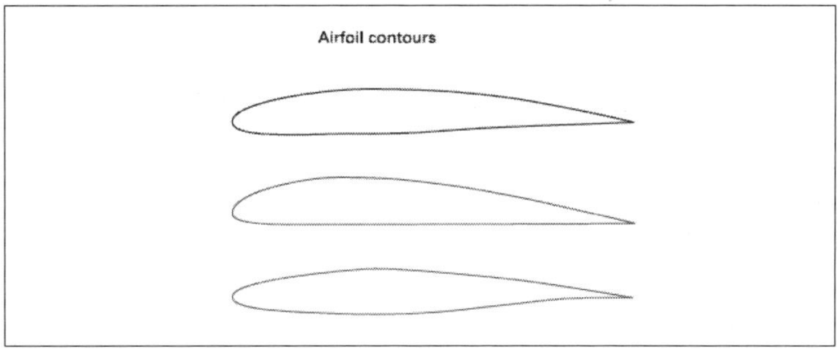

Typical aerofoil shapes offering good lift/drag ratio

〈그림1.5 우수한 양항비를 제공하는 대표적인 에어포일 형상〉

구조적 요구사항이 없다면 이것이 터빈 블레이드가 어떤 비율을 갖는지를 나타내준다. 물론 블레이드는 자체에 작용하는 양력, 항력 및 중력을 지지할 필요가 있다는 전제하에서 이다. 이 구조적 요구사항은 일반적으로 에어포일이 공기역학적 최적치 보다는 두꺼울 필요가 있음을 뜻하고 특히 굽힘하중이 큰 루트(루트는 블레이드가 허브에 부착되는 지점이다) 쪽으로의 위치에서는 더욱 그렇다. 다행히도 루트부분은 겉보기 바람이 천천히 움직여서 블레이드는 허브에 최소 영향력을 가지며, 공기역학적 비효율성은 팁에 가까운 부분보다는 덜 심각하다. 굳이 말하자면 단면이 코드길이에 대비하여 너무 두꺼우면 안된다는 것이고, 혹은 공기흐름이 블레이드의 뒤쪽에서 분리되고(스톨현상이 발생할 때 비슷하게) 항력이 급격히 증가하게 된다.

아주 짧으며 두꺼운 에어포일 단면을 만들지 않고 루트근처에서 두께를 증가시키기 위하여 몇 몇 설계는 "flatback" 단면을 사용한다. 이것은 사각형의 뒷전(trailing edge)이 되도록 두껍게한 표준형 단면이거나 끝을 잘라버린 긴 에어포일이다. 이런 에어포일은 둥근 단면에 비교하여 항력을 감소시키지만 소음을 더 발생시켜 사용의 적합 여부는 풍력단지에 따라 결정하게 된다.

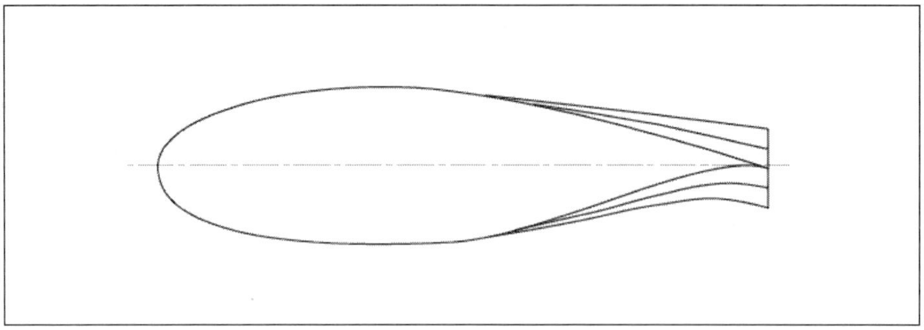

Typical "flatback" aerofoil shape

〈그림1.6 대표적 "flatback" 에어포일 형상〉

공기역학적 효율과 구조적 효율사이에서 균형을 유지하기 위한 노력을 하게 된다. 얇은 블레이드는 내부에 보강재를 많이 사용하여 강하고 강성이 높도록 만들 수는 있지만, 에너지생산비용(cost of electricity)을 낮추는 재료비용을 절약할 수 있다면 여전히 블레이드를 더 두껍게(공기역학적으로 다소 효율이 낮아지지만) 만드는 것이 낫다. 어쨌든 바람은 무상이다: 우리가 값을 지불해야 하는 것은 기계이다. 따라서 블레이드에 대하여 최적 두께를 찾아내기 위한 설계과정에서 반복작업이 불가피하다.

1.7 블레이드의 평면형상 - Blade Planform Shape

평면형상(planform shape)은 블레이드가 로터전체 디스크에 작용하는 바람이 거의 일정하게 느려지게 하는 영향을 주도록 선정된다(즉, 팁부분의 바람이 블레이드의 중간이나 루트부분에서와 같은 정도로 느려지도록 하는 것). 이 planform shape은 공기의 일부분도 너무 천천히(난류를 발생시킴) 터빈을 떠나지 않거나 너무 빨리(에너지의 낭비가 발생함) 지나지 않도록 한다. 베츠계수를 상기하면 이렇게 함으로써 최대출력이 추출되도록 한다.
블레이드의 팁은 루트보다 빨리 움직이기 때문에 팁은 더 많은 공기체적 속을 지난다. 따라서 팁은 큰 양력을 생성하게 되고 공기 속도를 충분히 느려지게 한다. 다행하게도 양력은 풍속의 제곱에 따라 증가하는데 이는 양력이 허용하는 것보다 더 큰 속도이다. 사실 블레이드는 루트보다 팁 쪽에 가까울수록 좁아질 수 있고 여전히 충분한 양력을 발생시킨다. 아웃보드 쪽으로 갈수록 블레이드 평면형상(planform)이 최적화되는 테이퍼 정도는 계산이 가능하다. 대충 말하자면 코드길이는 반경에 반비례한다. 그래서 10m 반경에서는 코드가 2m라면 1m 반경에서는 10m가 되어야 한다. 이 관계는 루트나 팁에 가까워지면서 적용되지 않는데, 최적 형상은 팁 손실을 고려하여 변경된다.

실제 직선형 테이퍼는 대부분의 설계에서 최적형상에 충분하게 가깝고 최적형상보다 구조적으로 우수하고 제조하기도 더욱 쉽다.

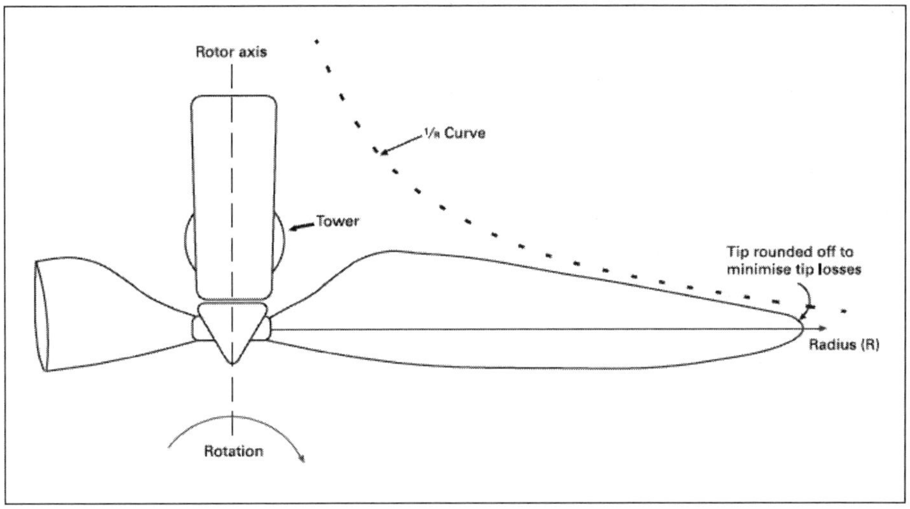

Optimum blade planform

〈그림1.7 최적 평면형상〉

1.8 회전속도 - Rotational Speed

터빈이 회전하는 속도는 설계에서 근본적인 선택사항으로 “자연풍” 속도(즉, 터빈에 의하여 풍속이 느려지기 이전) 대비 블레이드팁 속도의 항으로 정의된다. 이것을 주속비(tip speed ratio)라 한다.

높은 주속비라 함은 블레이드에 미치는 공기역학적힘은 거의 로터축에 평행하여 적절한 양항비에 의존한다. 양항비는 블레이드의 먼지나 거칠기에 의하여 심각하게 영향을 받을 수 있다.

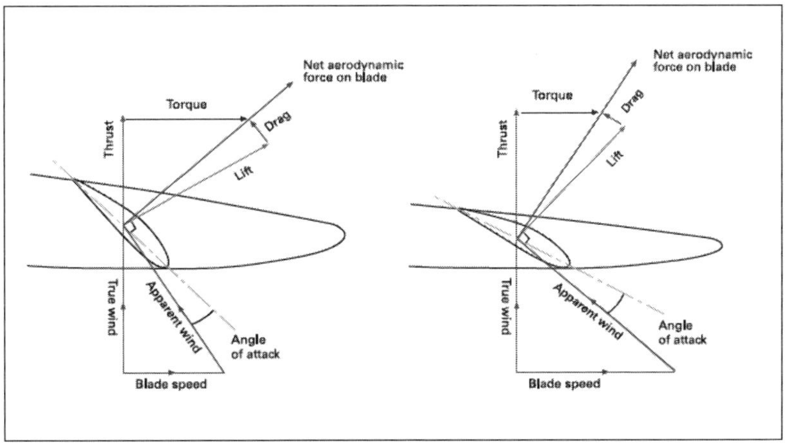

Effect of tip speed ratio on sensitivity to drag

〈그림1.8 항력 민감도에 대한 주속비의 영향〉

낮은 주속비를 선정하는 것이 더 좋은 것 같이 생각되지만 불행하게도 두 가지 영향 때문에 더 낮은 공기역학적인 효율로 나타나게 된다. 블레이드에 작용하는 양력은 토크를 발생시키기 때문에 바람에 대하여 동일한 크기지만 방향이 반대인 영향을 가진다. 그 영향으로 다른 방향에서 바람을 접선방향으로 미는 경향이 있다. 그 결과 터빈의 하류의 공기는 소용돌이(swirl)현상을 가진다; 즉 공기가 블레이드의 반대방향으로 돌게 된다. 소용돌이는 출력의 손실을 나타내고 바람으로부터 추출할 수 있는 가용 출력을 감소시킨다. 낮은 회전속도는 동일한 동력출력(power output)을 얻기 위하여 높은 토크를 요구하게 되고 낮은 팁속도는 더 높은 후류 소용돌이 손실을 가져온다.

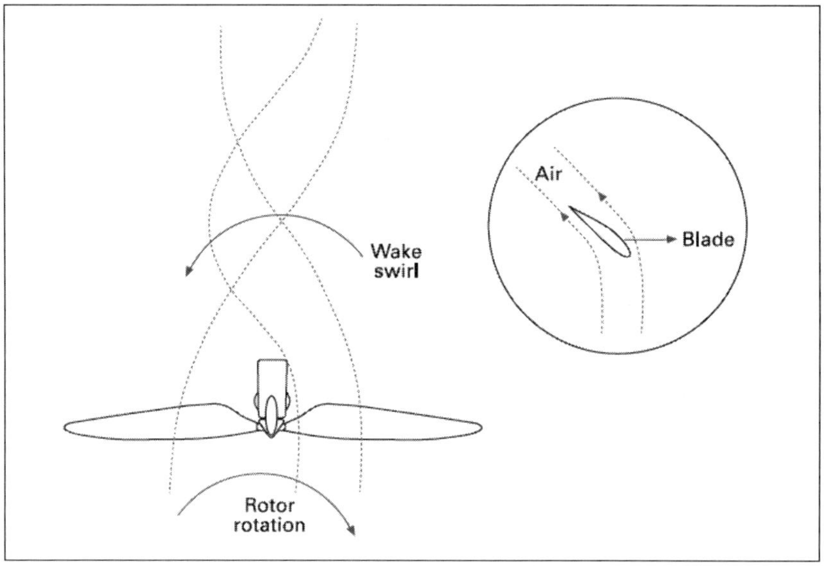

Swirl in the wake

〈그림1.9 후류에서의 소용돌이〉

낮은 주속비에서 효율의 다른 저하의 원인은 팁손실로부터 오는데, 팁부분에서는 블레이드의 전방으로부터 오는 높은 압력의 공기가 블레이드 팁을 돌아서 저압부로 빠져나가므로 에너지를 낭비하게 된다. power = force x speed의 관계가 있으므로 낮은 회전속도에서는 동일한 동력을 얻기 위해서는 더 많은 양력을 발생시킬 필요가 있게 된다.
주어진 길이의 블레이드가 많은 양력을 얻기 위해서는 폭이 더 넓어져야 하는데 이것은, 기하학적으로 말하면, 블레이드 길이의 많은 부분을 팁 가까이에 가져가도록 고려해야 한다. 그렇게 되면 보다 많은 공기가 팁손실에 기여하여 효율이 저하한다. 팁손실을 줄이기 위하여 다양한 기술이 사용되는데 익단소익(winglet, 윙렛, 항공기에서 주로 볼 수 있다)이 그것이다. 하지만 실제로 추가적인 경비 때문에 자주 적용되지 않는다.

넓은 블레이드에 작용하는 높은 양력은 허브나 베어링과 같은 다른 부품에 더 높은 하중으로 전달되는데, 따라서 낮은 주속비는 이런 부품의 단가를 증가시킨다. 반면에 넓은 블레이드는 양력을 더 좋게 받아들일 수 있어(앞에서 설명하였다) 블레이드 자체는 저렴할 수 있다.

터빈 설계자는 대개 주속비를 7 - 10의 범위에서 타협을 하게 되는데 설계풍속(정격풍속, 대개 12 - 15m/s)에서 블레이드 팁은 약 120m/s(약 270miles/hr)로 움직이게 된다. 절대 팁속도(absolute tip speed)에는 실제적인 제한이 역시 존재 한다: 이 속도에서는 조류 충돌과 빗물에 의한 마모(rain erosion)가 시작되어 블레이드의 수명에 문제가 되며 팁속도에 따라 소음이 급격히 증가하게 된다.

1.9 출력과 피치제어 - Power and Pitch Control

경제적인 설계를 위해서는 발전기와 증속기의 최대성능을 터빈의 운영환경에 따라 적절한 수준으로 제한할 필요가 있다. 가장 이상적인 상황은 다음과 같은데, 터빈이 바람으로부터 발전기의 정격출력까지 가능한 많은 동력을 추출해야 하고 풍속이 더 증가할 때 그 단계에서 출력의 추출을 제한하는 것이다.

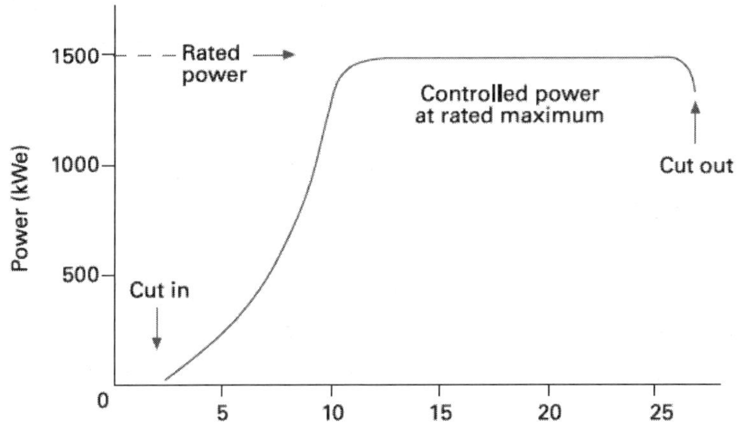

Turbine Power Curve

〈그림1.10 터빈의 성능곡선〉

블레이드 각도가 일정하게 유지되면 터빈은 풍속에 따라 변화하도록 반응을 할 수 없게 된다. 변화하는 풍속에서 최대동력을 생산하기 위하여 최적 받음각을 유지하는 것은 불가능하고 고풍속에서 터빈의 동력을 감소시키는("depower") 유일한 방법은 블레이드의 스톨현상에 의지하는 방법뿐이다(수동 스톨제어, passive stall control로 알려짐). 이 방법은 위 그래프에서 보여주듯이 정격풍속 위에서 완벽하게 평평한 출력곡선을 제공하지는 않는다.
최대출력을 제한하기 위해서는 수동 스톨제어 터빈은 최대 용량보다 다소 낮게 작동하게 된다.

대신에 받음각이 변화할 수 있도록 하는 베어링에 블레이드가 조립되어 있다면(능동 피치제어) 블레이드는 설계풍속(이 풍속에서는 발전기가 정격출력을 생산할 수 있다)까지 최적의 효율을 유지하도록 각도가 조절될 수 있다. 정격풍속 위에서는 블레이드는 피치각을 회전시킬 수 있어(날개를 접어, feathered) 받음각과 양력을 감소시켜 출력을 제어할 수 있다. 강풍에서의 생존조건에서 터빈은 모두 정지되고 블레이드는 날개를 접어(feathered) 회전력이 전혀 발생하지 않도록 할 수 있다.

설계풍속 이상에서 받음각(양력)을 감소시키는 대안은 블레이드가 스톨현상을 일으키는 상태까지 의도적으로 받음각을 증가시키는 것이다(능동 스톨제어, active stall control). 이 현상은 양력을 감소시키고 항력을 증가시켜 블레이드 회전을 낮춰주는 효과를 준다. 이 방법은 페더링(feathering)법 보다 돌풍(gust)에 덜 민감한데, 겉보기 바람각도(apparent wind angle)를 감소시켜 돌풍이 받음각을 증가시켜 블레이드가 스톨이 더 잘 발생하도록 한다. 그래서 페더링보다 스톨에 의한 블레이드 속도를 제어하는 법이 돌풍이 부는 상황에서는 더 유리할 수 있다. 다른 설계에서는 두 가지 방법을 모두 사용하기도 한다.

1.10 요약 - In Summary

- **길이:** 블레이드 길이는 풍력(wind power)을 얼마나 많이 수용할 수 있는지를 결정하는데 로터 디스크의 회전면적(swept area)에 따라 결정된다. 바람에너지 중에서 약 반 정도만 실질적으로 추출된다(Betz' s limit).

- **공기역학적 단면:** 블레이드는 양력을 발생하고 터빈을 회전시키기 위하여 단면에서 공기역학적인 외형을 보유한다.

- **평면형상(Planform Shape):** 블레이드의 평면형상은 팁쪽으로 갈수록 좁아지는데 회전면적 전반에 걸쳐 일정한 감소효과를 주기위한 것이다. 이것은 공기가 터빈을 너무 천천히 떠나지(난류를 발생하게 됨) 않고 너무 빠르게 통과(에너지의 낭비 발생)하지 않도록 하기 위함이다.

- **에어포일 두께:** 두께는 루트쪽으로 갈수록 증가되어 구조적 하중, 특히 굽힘모멘트를 견딜 수 있게 한다. 만일 구조적 하중이 중요하지 않다면 두께/코드비는 전체 길이를 따라 약 10 – 15%가 된다. "Flatback" 부위는 루트 가까이 적용되는데 공기역학적 효율을 증대시키기 위함이다.

- **블레이드 비틀림:** 겉보기 바람각(apparent wind angle)은 블레이드 길이를 따라 변화하는데 outboard쪽으로 갈수록 블레이드의 회전속도가 증가하기 때문이다. 따라서 블레이드의 각 단면이 바람방향에 최적의 받음각을 유지하기 위하여 길이를 따라 비틀려져야 한다.

- **블레이드 수와 회전속도:** 대개 회전속도는 팁이 풍속의 7에서 10배정도로 움직이도록 선정하고 보통 3개의 날개보다 많지 않다.
  고풍속과 더 많은 수의 블레이드를 사용한다면 각 블레이드는 좁고 얇아져야하는데 이렇게 되면 강한 블레이드를 만들기 어렵게 된다. 고속 회전속도에서는 블레이드가 공기역학적으로 효율이 낮아지고, 소음이 발생하고 마모나 조류충돌과 같은 현상이 발생한다.

저속 회전속도에서는 휴류의 소용돌이와 팁 손실이 효율을 저하시키고, 반면에 다른 부품에 축력(thrust loads)이 증가한다.

- **피치제어:** 풍력은 매우 크게 변화하기(풍속의 3승으로) 때문에 터빈은 저풍속(light wind)에서도 발전을 할 수 있어야 하고 강풍에서 하중에 견디어야 한다. 따라서 최적의 풍속이상에서는 블레이드가 바람속에서 피치제어(feathering)가 되던지 바람으로부터 비켜나서(active stall) 출력을 감소시키고 하중을 조절한다.

PART

풍력터빈 블레이드 구조공학 Wind Turbine Blade Structural Engineering

2

2.1 개요 - Introduction

공기역학에 관한 설명에서 우리가 보았듯이 블레이드 설계 과정은 공기역학과 구조적 효율 사이의 최상의 예측(best guess)로부터 시작하게 된다. 재료와 제조방법의 선정은 얼마나 얇은(공기역학적으로 이상적임) 블레이드가, 얼마의 비용으로 만들어질 수 있는지로 부터 영향을 받게 된다. 그러므로 구조공학 프로세스는 설계와 제조에 투입되는 모든 기술을 동원하는 중요한 역할을 하게 되며 성능과 비용측면에서 최적의 해법(solution)을 낳게 된다.

2.2 구조빔 블레이드 - The Blades as a Structural Beam

터빈의 회전을 구동하는 블레이드에 작용하는 양력은 각 부위의 반경에 비례하여 블레이드의 길이를 따라서 분포하게 된다. 즉, 허브근처보다 팁에 가까울수록 많은 양력이 존재한다. 왜 그렇고, 왜 그런 것이 바람직한지는 앞의 장에서 설명되었다.

양력은 블레이드를 굽어지게 하는 경향이 있다. 만일 블레이드 길이 상의 어떤 포인트에서 블레이드의 단면을 본다면, 그 점의 아웃보드(outboard)의 총 양력은 블레이드를 굽히게 하는 경향은 누적효과를 갖는데, 멀리 떨어질수록 큰 지렛데 작용을 갖게 되므로 굽힘경향의 효과가 커진다. 이 효과를 굽힘모멘트라 한다. 굽힘모멘트는 블레이드의 루트에서 가장 크고 이점에서는 블레이드 길이방향에서 어느 다른 지점보다는 굽힘모멘트가 더 크다. 팁에서는 굽힘모멘트는 0으로 된다.

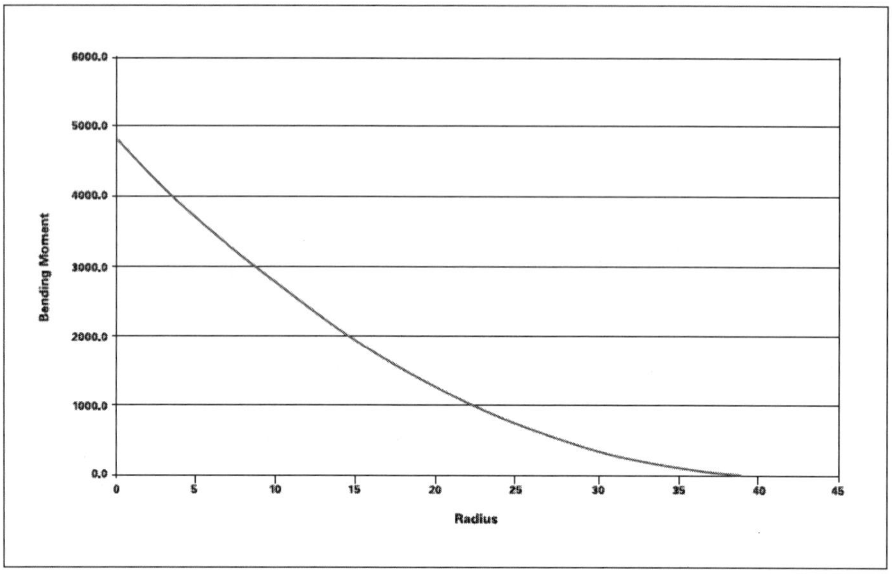

Bending moment against radius in a large turbine blade

〈그림2.1 대형블레이드의 굽힘모멘트 vs 반경〉

직관적으로 볼 때 블레이드는 루트부분에서 두꺼워야 하고, 즉, 가장 강해야하며, 굽힘모멘트가 적은 팁쪽으로 두께에서 테이퍼가 있게 된다. 그렇게 되면 공기역학적으로도 타당하게 된다: 블레이드는 팁 부분에서 얇은 부위가 필요하고 팁에서는 항력이 가장 심각하게 되어 이 부분의 코드(폭, width)는 작게 된다. 강풍에서 출력제어를 위해서 스톨현상에 의존하는 터빈에 대해서는 얇은 부위는 스톨현상을 쉽게 하고 얇은 부분이 되는 것이 팁에서는 유리하다. 루트에 가까이는 넓어지지만 너무 넓어지는 것(비용이 비싸진다)을 피하기 위하여 블레이드는 두꺼워져 허브 근처의 낮은 풍속에서 충분하게 발전할 수 있도록 두꺼워질 필요가 있다(두꺼운 에어포일은 스톨이 일어나기 전에 최대 양력을 발생시킬 수 있다).

불행하게도 블레이드를 공기역학적 효율에서 요구되는 두께보다 강성이 높고 강하게 만드는데 요구되는 두께가 더 커서 구조상의 무게(=cost)와 공기역학적 효율의 손실간의 타협이 존재한다.

2.3 블레이드 내부 빔 구조 - Internal Beam Structure

블레이드가 속이 빈 상태가 아니고 꽉 찬 상태라면 블레이드 길이를 따라 각 지점에서의 요구두께는 단순히 그 지점에서의 굽힘모멘트로 결정이 될 것이다. 가상의 속이 찬 블레이드에서 재료가 어떻게 작용하는지를 생각하면, 블레이드가 후류(downwind)쪽으로 굽어지게 됨에 따라 상류층(upwind) 면의 블레이드는 늘어나서 인장을 받게 되고 후류쪽 면은 압축을 받게 된다. 두 면사이의 중간면 재료는, 즉 블레이드의 가운데, 인장도 아니고 압축도 아니다. 즉 어떤 일도 많이 하지 않는다. 블레이드의 가격을 줄이기 위하여 가운데 부위의 재료의 일부를 제거하고 중공(hollow)으로 만든다는 것은 이치에 맞다.

극단적인 경우에 두 쪽의 판재(strip)가 있다고 할 때, 즉, 상류면에 한 개 하류면에 한 개, 이것은 두 가지 이유에서 적절하지 않게 된다: 전단강도와 공기역학적인 측면이다. 공기역학 측면에서는 명확하다. 즉, 공기역학적 형상을 가지기 위해서는 연속 쉘(shell)이어야 한다. 전단강도는 다소 덜 명확하나 두 개의 판재가 무언가에 의하여 결합되지 않으면 어떤 일이 발생할 것에 대하여 생각해 보면 쉽게 상상할 수 있다. 즉, 각 상대에 대하여 미끄러져 두 개의 분리된 매우 얇은 블레이드 같이 거동할 것이다. 그 판재들은 우리가 유지하려는 모든 굽힘강도를 잃게될 것이다. 판재들이 적절히 작용하기 위하여는 구조적으로 함께 이어져야 하는데 이런 연결부위를 전단웹(shear web)이라 한다. 이것을 대표적으로 구현한 것이 강철 I-beam이다.

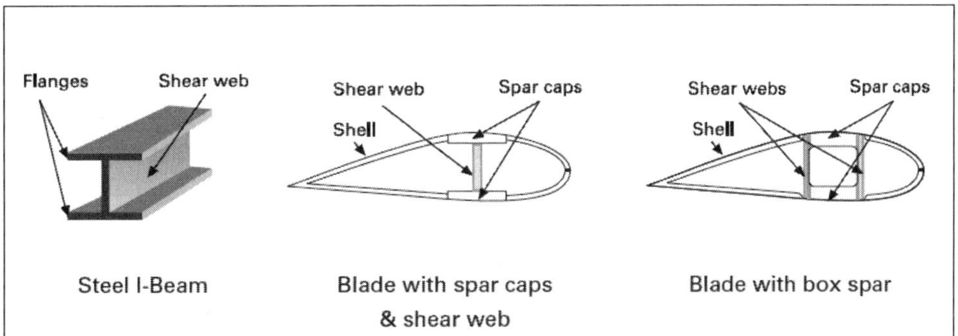

〈그림2.2 강재 I-beam과 블레이드 단면〉

구조빔을 이해하는 핵심은 굽힘하중(스파캡)을 담당하는 재료는 가능한 멀리 떨어져야 하지만 전단웹으로 결합되어야 한다. 터빈 블레이드는 강철 I-beam과 같은 방법으로 역할을 하는데 차이점은 공기역학적 형상을 유지하기 위하여 바깥은 싸고 있는 쉘이 있다는 점이다. 쉘은 부분적으로 굽힘강도에 기여를 하지만 굽힘강도 대부분은 I-beam의 플렌지와 동등한 스파캡에서 나온다. 전단웹을 연결하는 두 가지 방법이 있다: 스파캡을 쉘의 일부로 제작하여 전단웹을 스파캡사이에 넣어 접착하거나 전단웹과 스파캡을 박스 스파로 동시에 제조하여 쉘에 접착제로 붙이는 방법이다.

2.4 적층방향 - Laminate Orientation

현대식 풍력터빈 블레이드는 나무나 금속재료에 비교하여 무게 대비 강도가 매우 우수하기 때문에 섬유강화플라스틱(FRP, fiber reinforced plastics)로 만든다. FRP는 특히 블레이드같이 길고 가느다란 구조물에 적당한데, 대부분의 응력이 한 방향으로 있어 이에 대응하여 섬유가 배열되기 적절하기 때문이다. 스파캡의 대부분의 섬유는 블레이드 길이방향을 따라 배열되어야 하는데 그것이 굽힘하중 방향이기 때문이다(상류면은 인장, 하류면은 압축).

전단웹의 섬유는 대각선방향으로 배열되야 하는지는 아마도 덜 명확한 사실인데 전단웹이 어느 방향으로나 스파캡을 45도로 만나게 된다.

아래 그림에서 보는 바와 같이 3개의 바(bar)로 이루어지고 각 끝단에서 핀조인트로 연결된 프레임(골조구조, framework)을 생각해보자.

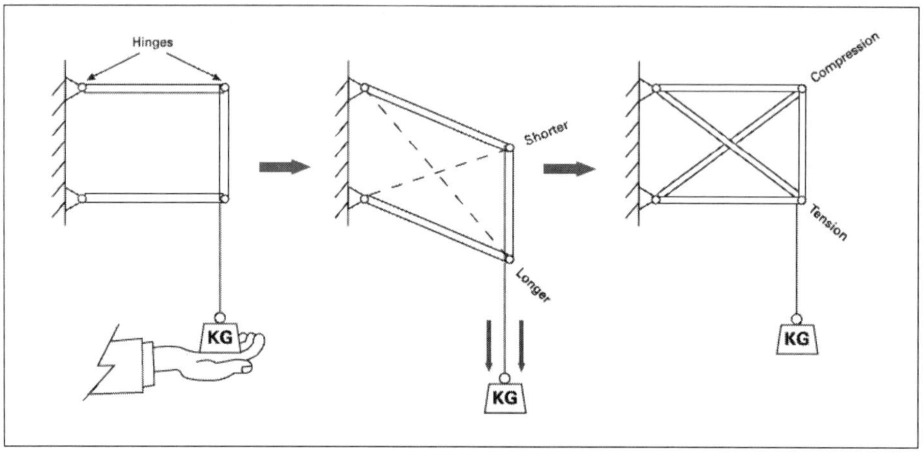

Shearing and reinforcement of a simple frame

〈그림2.3 단순프레임의 전단 및 보강〉

만일 하중이 프레임(골조구조, framework)에 적용되면 마름모꼴(shearing)로 변형된다. 여기에서 중요한 포인트는 바는 여전히 같은 길이이지만 (가상의)대각선길이는 아니다: 한 개는 짧고 다른 것은 길어진다. 그래서 프레임의 강성을 높이기 위해서는 대각선 바를 추가하는 것이다.

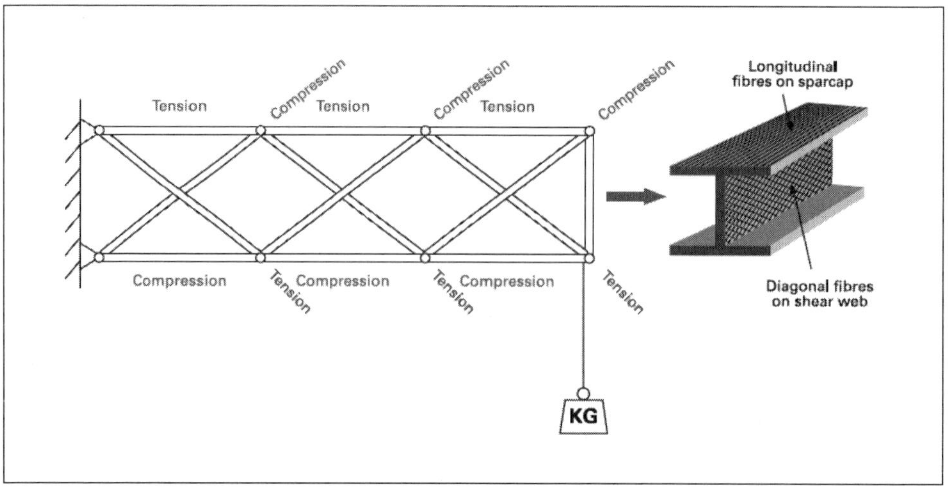

Extended framework with shear reinforcement

〈그림2.4 전단 보강된 연장 프레임〉

긴 빔을 만들기 위해서 프레임은 더 많은 바를 추가하면 연장할 수 있게 된다. 각 단위는 전단강성을 부여하기 위하여 한쌍의 대각선 빔이 필요하다. 두 개의 대각선 빔이 필요한데(1개보다) 한 개는 인장, 나머지는 압축하중을 견디는 작용을 한다. 이 힘들은 스파캡이 두께방향으로(상하방향) 균형되게 일정길이로 떨어져서 유지되도록 균형을 잡아준다. 길이방향으로 누적되는 효과는 스파캡이 다른 것에 상대하여 미끄러지는 것(전단현상)을 방지하는 것이다.
스파캡과 전단웹을 만들기 위하여 두 가지 다른 직물형태가 일반적으로 사용된다: 일방향 직물(UD, unidirectionals)이 스파캡의 축방향 섬유함량이 많게 할 수 있는 가장 좋은 선택인데 반하여 ±45°, 2방향 직물은 전단웹에 사용된다. 스파캡은 2방향 직물과 혼용하여 단방향 섬유들 사이의 하중을 전달하게 하는데, 전단웹 플라이(낱장, ply)를 사이 사이에 넣거나(박스 스파를 가진 블레이드 경우) 추가 플라이(분리된 전단웹이 있는 블레이드의 경우)를 포함시켜서 그렇게 한다. 후자의 경우에는 스파캡에 전단웹이 충분하게 겹치도록 하여 두 개를 접합하는 비교적 약한 접착제를 통하여 모든 하중이 전달될 수 있도록 주의를 기울여야 한다.

2.5 최적 기하학적 구조 - Optimum Geometry

외부형상(스파캡을 두껍게 혹은 얇게 함으로써)을 변경하지 않고 블레이드의 강도를 다양화할 수 있는 기능은 최소화된 비용으로 설계를 최적화할 수 있는 자유도를 준다. 블레이드가 얇게 만들어지면 공기역학적으로 나은 성능을 발휘할 수 있으나 두꺼운 스파캡이 필요하여, 블레이드는 더 비싸지게 될 것이다(전단웹은 더 강해져야하나 좁아져서 전단웹 소재의 총량은 비슷함). 최적형상에는 터빈설계, 하중, 구조설계, 제조비용 등을 고려하는 여러 단계의 반복과정을 거쳐 도달하게 된다.

2.6 피로 - Fatigue

반복적으로 하중을 받은 구조물은 기대하였던 것보다 낮은 하중에서도 파손된다는 것은 잘 알려져 있다. 금속 구조물에 대하여 "금속 피로"라는 표현이 잘 알려져 있고 이해되고 있으며 숟가락을 앞 뒤로 부러질 때까지 구부려서 쉽게 시연되기도 한다. 같은 효과가 다른 재료에서도 발생하는데 정도의 차이가 있지만 FRP도 포함된다. 나무는 피로에 저항력이 비교적 좋아 소형풍력에 잘 선정되는 이유이지만, FRP에 비교하여 낮은 비강도(strength-to-weight ratio) 때문에 대형블레이드에서 사용이 배제된다.

풍력터빈 블레이드들은 돌풍, 윈드시어(wind shear: 블레이드는 낮은 곳보다 높은 곳에서 더 많은 바람을 만나게 됨), 상승기류, 요 에러(yaw error: 터빈이 바람방향과 일직선상에 정렬되지 않는다면, 회전할 때 블레이드의 받음각, 즉 양력이 변화됨), 난류 등 때문에 변화되는 양력에 처하게 된다. 양력은 "flapwise" 방향(새의 날개같이)으로 작용한다. 블레이드는 또한 자중에 의하여 "edgewise" 방향으로 하중을 받는데, 이 자중은 블레이드가 터빈을 중심으로 한쪽에서 다른 쪽으로 회전할 때 역굽힘모멘트(reversing bending moment)를 발생시킨다.

재료가 가진 낮은 허용응력(allowable stress)으로 설계함으로써 단순한 수준에서 피로현상을 고려해 볼 수 있다. 재료의 작은 시편에 수 천에서 수 백만번 하중을 가했다가 하중을 제거하는 피로시험은 응력과 파손에 이르는 사이클수 관계를 도표화할 수 있게 한다. 그 결과를 S-N 곡선이라 한다.

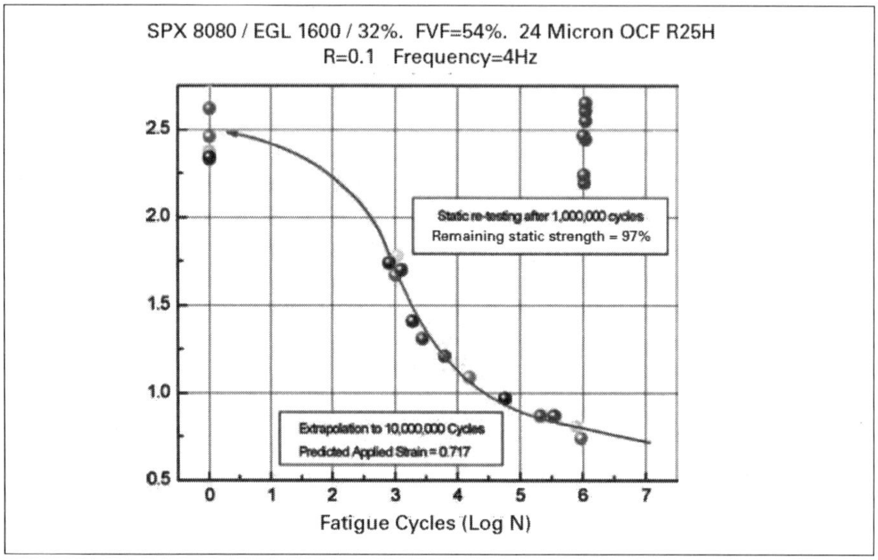

S-N curve for a typical wind turbine blade unidirectional material

〈그림2.5 블레이드 일방향 재료의 S-N 곡선〉

1,000만 사이클, 이것은 풍력터빈을 대충 20년간 사용한 기간에 해당하는데, 에 대하여 허용응력은 극한강도(ultimate strength, 단 1회)의 약 30%에 해당된다. 이것은 재료에 크게 의존한다: 에폭시 프리프레그 수지에 합침된 탄소섬유는 1,000만 사이클에 대하여 극한하중의 50%를 견딜 수 있다. 반면에 품질이 낮은 폴리에스터 수지에 합침된 유리섬유 복합재료 적층판은 극한하중의 20%보다 낮은 하중을 감당한다.

단순히 낮은 최대응력으로 설계하는 것은 초기 점검용으로는 좋지만 피로부분이 설계의 주안점이 된다면 낮은 최대응력은 충분하게 확신을 주지 못한다. 큰 안전계수(safety factor)를 사용하여 불확실성을 극복하게 되면(즉, 구조설계가 매우 낮은 응력만 감당한다면) 상당량의 추가 재료비용을 수반하게 된다(안전계수 부분을 참고하라).

더 정교한 설계는 시간에 따른 예상 하중변화(load spectrum)를 고찰하게 되고 7~8개의 다른 응력값에 해당하는 수의 하중사이클을 계산하기 위하여 통계적 방법을 사용한다. 보통 이 방법은 소위 "rainflow counting" 이란 알고리즘을 사용한다. 각 세트의 하중사이클에 의하여 생기는 손상은 응력의 각 값에 대응하는 S-N곡선상에서 블레이드의 수명의 얼마 만큼이 사용되었느냐를 보고 계산할 수 있다. 예를들면, 응력이 1,000사이클 이후에 손상을 발생시키고 하중스펙트럼이 그 응력에서 200사이클을 예측하면 수명의 20%가 사용되었다. 각 응력레벨에서 손상이 함께 합쳐져서 누적손상을 얻는다고 가정하면 블레이드가 그 하중스펙트럼에 처해졌을 때 우리는 블레이드의 총피로수명이 얼마나 사용되었나를 볼 수 있다 (Palmgren-Miner' s law라하며 이 방법을 제안한 엔지니어의 이름을 딴 것이다.). 어떤 응력레벨에서 20%가 사용되었고, 더 낮은 하중에서 35% 만큼 더 많은 사이클이 사용되었고, 이런 것이 계속된다; 그 합이 100%를 초과하면 블레이드는 설계수명에 도달하기 전에 파손될 것이다.

2.7 블레이드 쉘 - Blade Shell

쉘의 주요 기능은 공기역학적 형상을 제공하는 것인 반면, 스파에 강성과 강도를 부여하는 구조적인 역할을 하고 특히 torsion(비틀림, twisting)하중에 견딜 수 있도록 한다. 굽힘의 경우에서 처럼 큰 부분이 작은 부분보다 비틀림에 더 잘 견디므로 블레이드 쉘은 박스형 스파보다 단면이 훨씬 더 커서 이런 면에서는 매우 유용하다. 비틀림하중을 받는 구조는 순수 전단하중을 겪게되어, 마치 전단웹과 같이, 쉘은 대각선방향으로 배열되는 섬유량을 아주 많이 가져야 한다.

쉘은 또한 블레이드의 길이방향으로 배열되는 섬유도 가진다. 어느 정도까지 이것은 스파캡이 플랩굽힘(flap bending)을 막는데 도움을 주지만 주요 이유는 블레이드에 에지굽힘(edgewise bending)에 더 강도를 주기 위함이다. 왜냐하면 구조용 빔은 하중부담 재료가 가능한 떨어져 있을수록 기능을 잘하기 때문이다. 아래 단면을 보면 쉘은 스파보다 훨씬 넓어서 에지굽힘 강성을 주는 가장 효율적인 방법이 길이방향으로 섬유를 배열하는 것이다.

에지굽힘은 주로 블레이드 자중 때문이다. 블레이드의 무게중심(CG, center of gravity)은 아웃보드(outboard)에서 멀지 않기 때문에 단연코 가장 큰 에지굽힘 모멘트는 루트에 존재한다. 이것이 무엇을 뜻하느냐면 쉘이 블레이드 길이의 대부분에서 에지벤딩 응력을 견디어 주는 동안에 때로는 루트근처에서 뒷전(trailing edge)에 추가적인 보강이 필요하다.

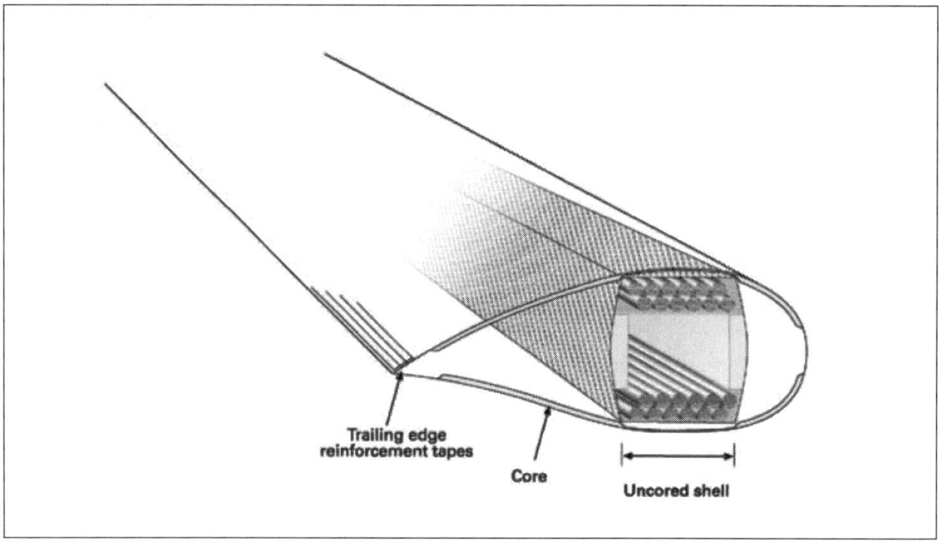

Section through blade near root showing TE tapes and cored/uncored area of shells

〈그림2.6 뒷전 테이프와 쉘의 샌드위치 코어가 있는 루트 근처의 단면〉

블레이드 쉘이 FRP로만 만들어지면 충분히 강하게 만들기 위하여 요구되는 두께는 매우 작을 것인데 약 몇 mm정도이다. 스파캡과 뒷전사이의 쉘이 1m이상이 될 수 있으므로 그 두께 정도로 얇으면 쉘이 너무 유연하게 된다. 유연성이 너무 크면 공기역학적 형상을 유지하기 어렵고 좌굴(buckling; 압축하중에서 유연한 구조물이 옆으로 변형되는 경향)에 견디기 어려운 문제가 생긴다.

더 많은 FRP를 사용하여 두껍게 만들면 상당한 무게를 더하게 되기 때문에 쉘은 FRP 샌드위치구조로 만들어진다. 이 구조는 저밀도 코어소재, 즉 단단한 폼(foam)이나 발사나무(balsa wood)의 양면에 FRP를 두는 구조이다. 이 샌드위치 구조는 I-beam이나 스파와 같은 선상을 따라 작용하는데, 코어는 전단하중을 지탱하고 스킨은 굽힘강성을 제공한다. 폼코어(foam core)는 스파캡이 지지하는 곳은 생략될 수 있고, 오히려 이것이 더 유리한데 왜냐하면 그렇게 하는 것이 스파캡이 굽힘하중을 지탱하기 위하여 더 거리를 두고 떨어져 있게 해준다. 이미 설명하였지만 이것이 더 이득이 많다.

2.8 루트 설계 - Root Design

지난 chapter의 공기역학에서 언급한 바와 같이 블레이드 루트는 단면이 원형일 필요가 있다. 왜냐하면 허브에 있는 원형 피치베어링에 연결되기 때문이다. 블레이드는 유지보수를 위하여 분리할 필요가 있으므로 어느 경우나 변함없이 볼트로 연결한다. 스파가 만일 금속이라면 용접된 플렌지를 가질 것이나 같은 방법으로 FRP에 하는 것은 비효율적이다. 왜냐하면 플라스틱 수지(resin)가 플렌지 코너 둘레를 따라 높은 응력을 지지해야 할 것이다.

대신 대부분의 블레이드 루트는 속이 꽉찬(solid) 적층판형태의 두꺼운 튜브로 되어 있다. 이 적층판은 나사봉이나 T-볼트가 접착제로 나사형으로 고정되어 있다. 하중은 나사봉 전체 길이에 전달되고 길이는 접착제나 나사산을 가진 구멍의 하중지지 용량에 맞도록 결정된다. 블레이드를 제조할 때 I형-단면이나 박스형 단면 스파는 루트에서 실린더형 적층판에 결합되야 한다. 박스 스파의 경우 맨드렐에 스파를 적층하는 것이 가능한데, 맨드렐은 루트에서 원형으로부터 사각형으로 부드럽게 합쳐지게 되어 두꺼운 루트 적층부위는 박스 스파를 이음매 없이 감쌀 수 있다. 실제 루트를 만들기 위하여 많은 수의 플라이(ply)를 쌓아야 하므로 스파를 만들기 위하여 시간이 길어질 수 있다. 매우 두꺼운 적층판은 발생하는 높은 발열온도와 구조물의 중요부위에서 요구되는 고품질의 적층판과 관련하여 제조상의 문제가 제기된다. 그 결과로 대개의 제조자들은 루트를 별개의 부품으로 제작하여 구조물에 접합한다. 자연적으로 접착제가 파손되면 결과는 종료되게 된다: 요약하면 연결부위는 조심스럽게 설계해야하고 강하고 피로에 강한 접착제를 요구한다. 특히 접합부위의 각 끝부분에서 접착제에 응력집중을 피하도록 주의해야 한다.

2.9 강성 - Stiffness

블레이드의 강도에 대하여 살펴보았으나 강성도 역시 충분해야 한다. (강도와 강성은 공학적으로 분명하게 다른 뜻을 가지고 있는데 간단한 예시로 상상해 볼 수 있다. 번지점프용 고무줄은 늘어나기는 쉽지만 파손하기는 어려워 강하기는 하지만 강성이 높지 않다. 비교하여 달걀 껍질은 단단하지만 강하지는 않다.)

만일 블레이드가 충분한 강성을 지니지 않으면 타워 때문에 두 가지 문제 중의 한 가지를 겪게 된다. 타워가 둥글다면(대개가 그렇듯이), 바람은 난류형 후류를 형성하게 된다. 타워의 하류(downwind)에 위치하는 터빈(역자 주: 후방형 풍력터빈)은 블레이드가 후류를 통과할 때 양력에서 큰 변화를 겪어 출력이 줄어들고 높은 피로하중을 겪게 된다. 따라서 대개의 설계에서는 터빈(나셀)을 타워의 전방에 둔다(역자 주: 전방형 풍력터빈). 전방형의 경우 블레이드가 굽어질 때 타워에 가까워져서, 타워를 치지 않도록 충분한 강성을 가져야 한다. 설계자는 블레이드팁과 타워사이의 최소간격을 가장 최악의 하중을 받았을 때와 무부하시 간격의 30%를 대개의 목표로 한다.

Blades bending close to tower Image: Vestas

〈그림2.7 타워에 근접된 블레이드 굽힘〉

간단한 해법은 초기(무부하 상태)의 팁 간격을 증가시키는 것인데, 로터를 타워의 더 앞쪽에 배치하거나, 로터를 수평에 대비하여 기울이거나(tilting), 블레이드를 미리 굽히는(pre-bending or pre-coning) 방안(로터면에 대비 앞쪽으로 블레이드에 각도를 주는 방법) 등이 될 수 있다. 이런 방안들이 어느 정도 채택되는데 각 방법들은 제조원가와 관련이 있게 된다. 즉 공기역학적 손실을 갖게 되거나 제조원가가 증가하게 된다(예를 들면 로터가 타워로부터 멀어지면 나셀의 요베어링을 더 강한 것을 사용해야 된다).

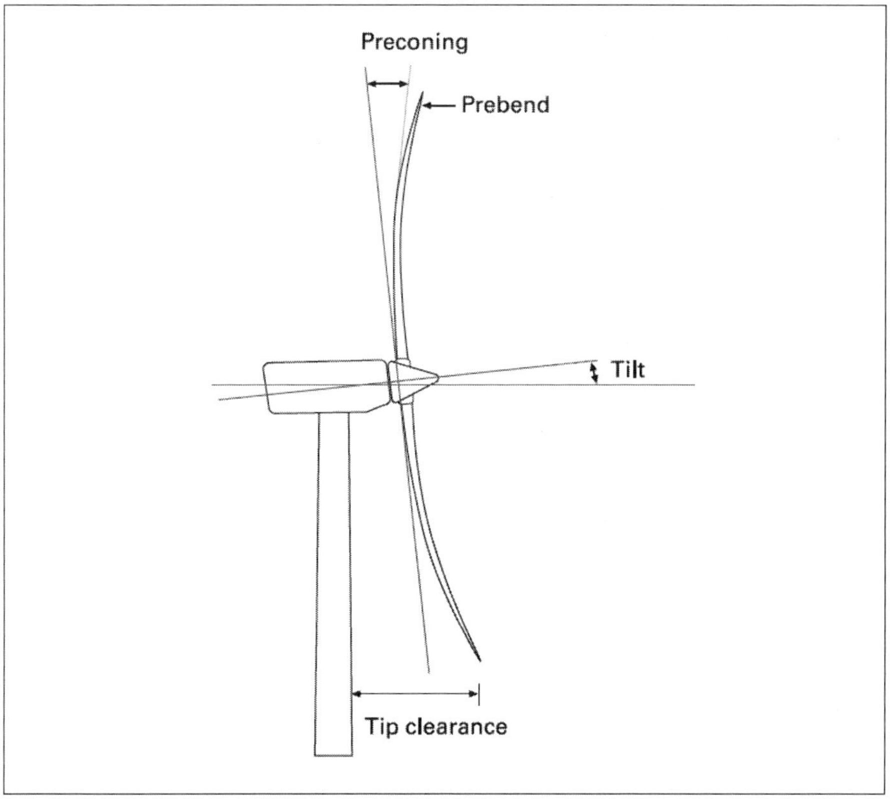

Methods to increase static tip clearance

〈그림2.8 팁 간격을 증가시키는 방법〉

다른 문제는 전방형 터빈일지라도 블레이드가 여전히 타워주위를 흐르는 공기로부터 압축파동(pressure pulse)을 겪게 된다는 것이다. 이것은 피로하중(후방형 터빈의 경우보다는 다소 덜하지만)을 줄 뿐 아니라 더구나 더 심각하게는 블레이드가 공진하는 원인을 제공한다. 공진은 그네에서 어린이를 미는 것에 비유할 수 있다: 그네가 움직이는 같은 주파수로 밀면 운동의 진폭은 점점 커지게 되고, 그네와 동기화되지 않도록 밀면 운동이 줄어들게 된다. 타워를 지나면서 발생되는 공진은 블레이드의 진동을 증가시켜 블레이드, 허브와 베어링의 피로응력을 증가시킨다. 따라서 블레이드는 타워를 통과하는 주파수보다 훨씬 높게 고유진동주파수가 충분히 유지되도록 충분하게 강성이 높고 가벼워야 한다. 불행하게도 블레이드의 강성을 높이려고 재료를 추가하면 무게가 증가하고 결과적으로 고유진동수 이슈를 고려하기 위해서 블레이드의 형상을 두껍게 할 필요가 있을 수 있다.

블레이드는 허브에서 체결되기 때문에 블레이드 한 개 블레이드의 진동은 다른 블레이드에도 영향을 준다. 따라서 이들의 고유진동수는 자체 혹은 옆의 블레이드가 타워를 통과할 때의 주파수와 일치하여서는 안된다(즉 1P와 2P 주파수). 예를 들면, 세 개의 블레이드 중 한 개가 매초 타워를 통과한다면 블레이드들의 고유회전 시간은 1초도 아니고 3초가 되어서도 안된다. 가변속(블레이드가 통과하는 주파수 범위)으로 운전되는 터빈에서 이 요구사항은 만족시키기 더욱 어렵게 된다.

2.10 섬유형태 - Fiber Types

FRP에 가장 많이 사용되는 섬유는 유리섬유와 탄소섬유이다. 탄소섬유는 유리섬유보다 2배 정도의 강도를, 3배 정도의 강성을 가진다. 탄소섬유가 가지는 추가적인 강성은 섬유를 둘러 싸고 있는 수지(resin)에 작용하는 스트레인을 감소시킴으로써 피로에 더욱 잘 견디게 한다. 불행하게도 탄소섬유는 훨씬 비싸기 때문에 블레이드 성능에서 탄소섬유의 성능이 필수적인 곳에서만 사용되는 경향이다.

일반적으로 탄소섬유는 몇 종의 대형 터빈(직경이 80m가 넘는)에서만 사용된다는 뜻이고 그것도 단지 스파캡(spar caps)에만 적용된다. 대형블레이드가 소형보다 탄소섬유가 필요한 이유는 추가적인 무게를 늘리지 않고는 긴 블레이드에 충분한 강성을 얻기 훨씬 어렵기 때문이다. 추가적인 중량은 소재가격의 증가 뿐 아니라 고유진동수를 낮추게(타워를 통과하는 주파수가 문제가 될 수 있음)되고 에지방향으로의 굽힘(블레이드의 무게 때문에 회전할 때 한 방향으로 굽어지고 돌면 다른 방향으로 굽어진다) 때문에 보다 높은 피로하중에 처하게 된다. 이런 이유 때문에 탄소섬유의 kg당 추가비용은 블레이드의 전체 무게를 훨씬 감소시킬 수 있다면 경제성 측면에서 정당화될 수도 있다.

사실 이론적으로 보면 블레이드의 중량은 길이의 세제곱에 비례하여 증가하는데 전기출력은 단지 길이의 제곱에 따라 증가한다. 제조가격이 무게에 따라 비례한다고 어림잡아 보면, 낮은 타워나 용량이 작은 발전기로 인하여 kW당 가격의 절감이 추가되는 블레이드 비용을 상쇄하지 않는 한 터빈(블레이드)을 크게 만들어야 한다는 것을 정당화하기 어렵다는 뜻이다. 이러한 장애물을 넘기 위하여 블레이드를 더 가볍게 만들 필요가 있는데 이것은 블레이드를 더 두껍게 만들거나(그러므로 공기역학적으로 효율이 낮아진다), 탄소섬유를 사용한다는 것이다.

2.11 구조설계 프로세스 - The Structural Design Process

양력에 의한 플랩방향 굽힘은 보통 가장 지배적인(우세한) 하중이고 처음부터 가장 명확하게 알려진 것이다. 따라서 설계는 그 힘을 견딜 수 있는 스파캡과 전단웹 적층판을 고려함으로써 시작된다. 이 Chapter의 시작에서 언급한 바와 같이 공기역학적 효율(얇은 블레이드)과 구조적인 효율(두꺼운 블레이드)사이의 타협이 존재하는데 양쪽 모두 발전단가에 큰 영향을 미친다. 그래서 설계과정은 최적의 두께 분포를 찾아내도록 요구한다. 즉, 출력과 구조 중량에 대응하여 변화하는 두께의 영향을 찾는다.

에지방향의 하중은 블레이드의 중량에 영향을 받기 때문에 구조설계에서는 반복루프가 뒤따르게 된다. 블레이드가 최종적으로 설계될 때 까지는 중량은 알려지지 않고 단지 추정하게 된다. 중량이 더 정확하게 알려지면 블레이드 적층은 새로운 하중(중량으로부터 산출된)을 고려하기 위하여 재설계 된다. 이 단계에서는 재료의 허용응력을 단순히 낮추어서 피로문제를 다룬다. 피로에 대한 데이터가 없다면 GL(Germanisher Lloyds) 같은 설계코드는 강도에 보수적인 기본 강도저하계수(default knock down factor)가 이용되는데 1,000만 사이클에서 대표적으로 유리섬유에 대해서는 약 5, 탄소섬유에 대해서는 3이다.
기본적인 굽힘 파라메터(플랩방향과 에지방향)가 정해지면 쉘은 비틀림 강성과 좌굴 저항성에 대하여 검증을 받게 된다. 루트부위는 블레이드에서 허브로 볼트하중을 감당하도록 설계되고 접착제 접합부위는 접착제에서 응력이 적절한 수준으로 낮추도록 해석하게 된다.

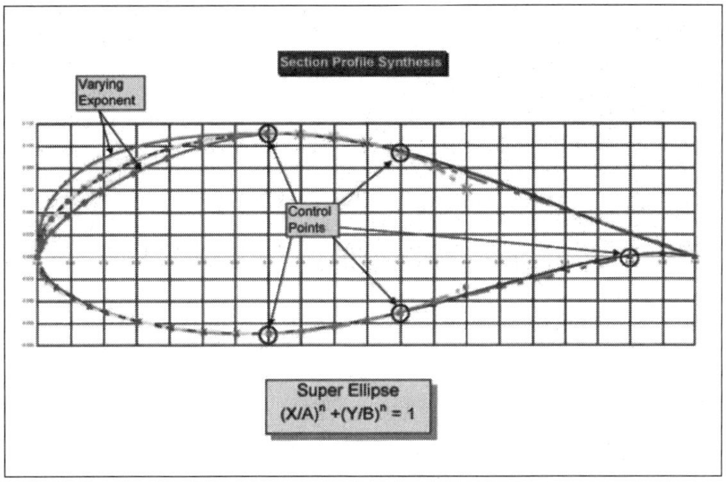

Gurit's Blade Design Tool enables the shape to be matched with the mathematical approximation

〈그림2.9 Gurit사의 설계도구가 수학적 접근법과 유사한 형상을 보임〉

설계과정에서 이 과정까지는 해석은 보통 엑셀 스프레드시트나 단순한 해석적 방법으로 수행하여 근사 해법만을 제공하지만 최적화를 향한 설계의 반복을 빠르게 할 수 있다. 최종 해석을 위해서는 더 정확한 결과를 유한요소해석(FEA, Finite Element Analysis)으로 얻을 수 있다. 유한요소해석은 블레이드의 3차원 가상모델을 사용하는데, 이 모델링은 블레이드를 수 천 개의 타일같은 정사각형 요소(square elements)로 자르게 된다. 컴퓨터는 각 요소의 거동을 정확하게 모델링할 수 있고 각 요소가 어떻게 결합되는지를 알기 때문에 어떤 하중 시나리오에 대하여도 전체 블레이드의 구조적 반응을 모사할 수 있다.

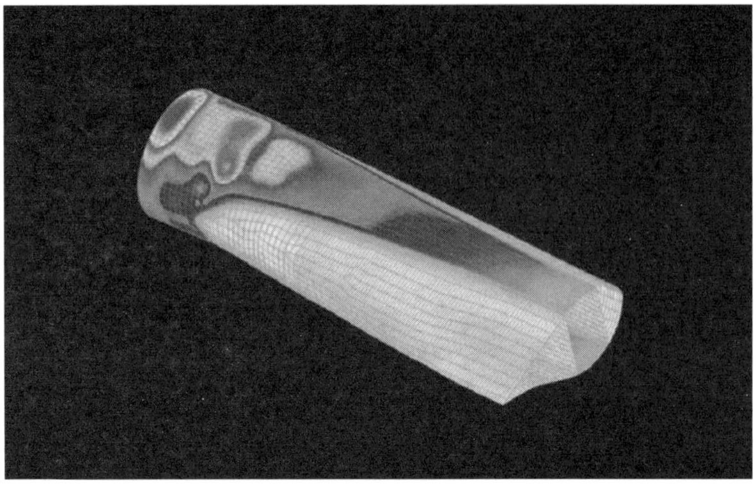

Output from FEA showing areas near the root that are closest to failure

〈그림2.10 손상에 근접한 루트부근의 FEA 결과〉

어떤 부분에서 피로응력이 잠재적으로 치명적인 것으로 판명되면 그 부분은 한 번 더 상세하게 분석하여 설계는 최종적으로 끝나게 된다. 가장 취약한 부분에서의 응력은 예상되는 하중 스펙트럼하에서 해석되어 블레이드의 수명동안의 누적손상을 계산하고 이것이 조기 파손을 야기시키지 않는지를 검증한다.

다음 페이지의 흐름도(flowchart)는 정하중 및 동하중 계산과 함께 구조설계 과정과 공기역학설계의 상호작용을 보여주고 있다.

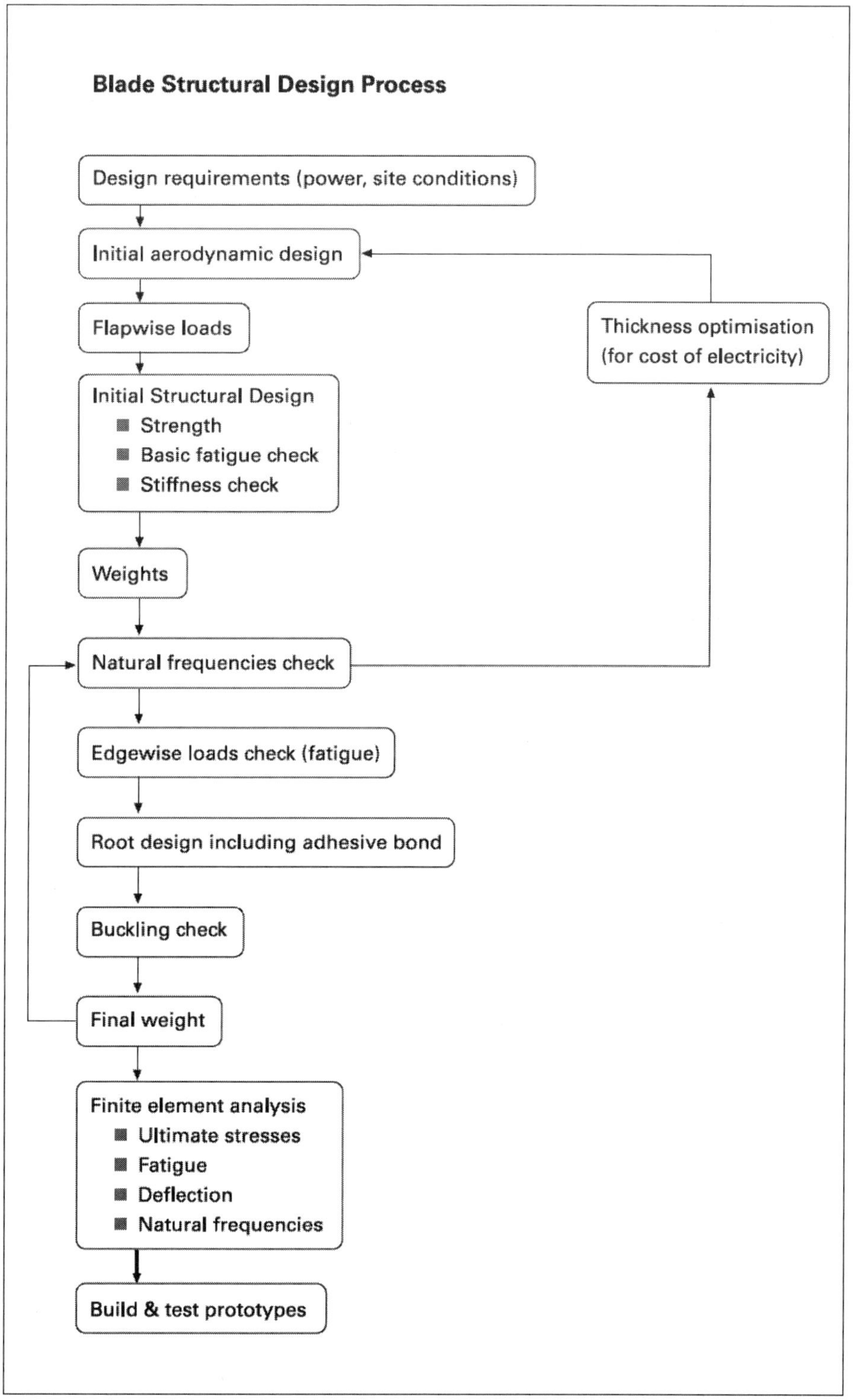

〈그림2.11 블레이드 설계과정〉

2.12 안전계수 - Safety Factors

다른 엔지니어링 구조물과 같이 블레이드의 구조설계는 알려지지 않은 요인에 대하여 대응하기 위하여 안전계수(safety factor)에 의존한다: 가정의 불확실성은 해석, 형상의 변화, 하중과 재료의 거동 등에서 오고 이것들은 근본적으로 "real world" 영향이다. 설계에서 가장 단순하게 진행하는 것은 파손의 확률을 충분하게 낮추기 위해서는 안전계수를 설계하중에 곱하거나 설계응력을 감소시키는 것이다.

풍력터빈 설계코드는 (보다 정확하게 표현한다면) 부분안전계수(partial safety factor)법을 사용하는데, 말하자면, 전체안전율은 7~8개의 부분안전계수를 함께 곱하게 된다. 각각의 부분안전계수는 각각의 영향을 다룬다: 즉, 하중의 불확실성, 재료의 열화, 제작과정과 재료의 비일관성 등이다. 부분안전계수를 사용함으로써 한 가지 제조방법과 다른 방법사이의 차이점이 단순한 전체안전율(global factor)보다 더 정확하게 다뤄지게 된다. 추가적인 안전계수가 파손의 결과에 대해서도 더해지는데 특정 부위의 완성도가 터빈의 생존에 필수적이면 전체 터빈의 파손확률을 감소시키기 위하여 그 부위의 안전계수를 더 높이게 된다.

2.13 시험 - Testing

파손에 대한 적절한 진동수를 얻기 위하여, 만일 시험이 이루어지지 않는다면, 재료강도의 부분안전율은 매우 커져야 할 것이다. 가장 저렴하고 간단한 시험은 재료의 작은 시편에 대한 것으로, 재료 물성을 확보해야 하는데 이것들은 극한강도와 피로 저항성(S-N curve) 등이다. 시편시험으로부터 실제 구조물에 사용된 재료의 최저 강도를 결정하기 위해서는 통계적 계산이 사용된다(charateristic value of strength: 강도의 특성치이라 함). 재료의 다른 배치에서 취한 샘플에 대하여 같은 시험을 여러 차례 반복할 필요가 있는데 이것은 재료의 고유한 변동성 때문이다. 각 재료 물성에 대하여 20개의 시험치를 취함으로써 특성치는 합리적인 신뢰성을 가지고 계산될 수 있다. 보통 특성치는 재료의 95%가 최소 그 강도를 같은 것(95% 신뢰도)을 선택한다.
부분안전계수는 특성치에 적용되어 재료강도의 설계허용치를 주게 된다. 그 과정은 아래와 같다.

Coupon testing → mean & standard deviation → characteristic value → partial factors → design allowable

복합재료에서 강도는 보통 응력(stress: 단면적에 적용되는 최대 힘)보다 변형률(strain: 재료가 견딜 수 있는 최대 신장) 측면에서 표현된다. 이것은 복합재료 적층판은 재료의 두께를 따라 응력이 변하기 때문이고, 응력은 섬유 배열에 관련이 있는데 파손하중의 계산을 복잡하게 한다. 하지만 변형률은 일정하고 1차원적으로 변하여 변형률을 이용한 해석은 훨씬 간단하다.

설계가 완료되고 시제품(prototype: 포로토타입)이 제조되고 실제 블레이드가 사용되는 조건을 모사하여 시험된다. 블레이드 한 개는 한번(once-only)에 한하여 극한 플랩방향 하중으로 시험되고 피로강도를 측정하기 위하여 반복적으로 하중을 가한다.

Blade Testing for Design Validation and Certification

〈그림2.12 설계검증 및 인증을 위한 블레이드 시험〉

블레이드의 설계수명은 보통 20년이기 때문에 이 기간 동안 피로시험을 수행한다는 것은 길어서 가능하지 않다. 대신에 기초 재료에서 얻어진 S-N곡선은 적은 량의 하중 사이클 시험 후에 전체 설계수명에 해당하는 동등한 피로 손상을 일으킨다고 예상되는 증폭된 하중을 계산하는데 사용된다. 이렇게 함으로써 블레이드에 하중부가를 더 빠르게 하여 시험은 단 몇 달간 걸리도록 가속화할 수 있다.

2.14 구조설계 요약 - Summary of Structural Design

구조설계과정은 공기역학적 형상, 극한 및 피로하중 하에서의 재료 물성, 제조공정 등을 고려해야 한다.

Spar(스파): 블레이드는 우선 굽힘하중을 받는데, 공기역학적 양력(플랩방향) 때문이고 다소 약하지만 블레이드 자중(에지방향) 때문에 발생한다. 굽힘 저항성을 높이기 위하여 블레이드 길이 방향으로 배열된 일방향 섬유가 플랩방향으로 가능한 멀리까지 배치해야 한다. 이것을 스파캡이라 하고 제대로 역할을 하기 위해서는 대각선 방향 섬유로 구성된 전단웹과 결합되야 한다.

Shells(쉘): 공기역학적 형상은 샌드위치 구조를 사용하여 보강된 쉘(shell)로 형성된다. 얇은 스킨, 보통 유리강화플라스틱(FRP), 은 경량의 폼코어의 양면에 배치된다. 이 결과로 만들어진 샌드위치 구조는 공기역학적 압력과 좌굴에 의한 굽힘에 충분히 저항성을 가지도록 강성이 있다. 적층판의 대각선방향 섬유 덕분으로 쉘은 블레이드에 필요한 비틀림 강성을 제공한다.

Root(루트): 블레이드가 로터허브에 볼트로 결합하는 곳으로 스파의 단면은 원형이고 적층부위는 부분적으로 두꺼워져야 한다. 제조를 용이하게 하도록 이 부위는 독립적으로 만들어져서 2차 가공형태로 스파와 쉘에 접착된다.

Strength and stiffness(강도와 강성): 블레이드는 파괴되지 않도록 강도가 높아야하고 타워에 부딪치지 않도록 강성이 높아야 한다. 진동의 고유진동수가 블레이드가 타워를 지나는 주파수와 일치하지 않도록 충분하게 강성이 높고 가벼워야 한다. 그렇지 않으면 공진이 발생하고 진동이 증폭되어 타워를 치거나 피로파손이 발생한다.

Fatigue(피로): 일반적으로 20년 설계수명으로 블레이드는 1,000만번 정도 유연하게 굽힘운동을 한다. 이 현상은 재료를 약하게 하여 정상 운정하중에서 블레이드는 극치, one-off 하중조건(즉 50년 주기 돌풍)보다 낮은 하중에 맞추어서 설계되야 한다. 재료 시편의 피로시험은 S-N곡선을 구하기 위하여 사용되고 이 곡선은 주어진 응력에서 재료가 얼마의 사이클에 견딜 수 있는지를 보여준다.

Fibre type(섬유형태): 유리섬유 강화 적층판은 좋은 비강도를 제공한다. 탄소섬유는 더 비싸지만 강성이 높고 강도가 높아 긴 블레이드의 스파캡에 사용된다.

2.15 구조설계 프로세스 - Structural Design Process

■ 재료물성은 쿠폰시험으로 생성되고 재료의 종류와 제조방법에 적절한 부분 안전계수 만큼 감소된다.

■ 예비 공기역학 에어포일 형상이 주어지면 양력에 의한 플랩방향 하중은 예비 복합재 적층설계를 계산하는데 사용되고 선정된 공기역학적 형상내에서 구조적으로 역할을 수행하게 설계할 수 있도록 확인한다.

■ 예비 설계된 복합재 적층판이 주어지면 블레이드 중량은 에지방향의 피로하중을 예측하는데 사용된다.

■ 블레이드 쉘은 좌굴 방지와 비틀림 강성유지를 위하여 점검된다

■ 제조공정과 재료선정은 무게와 비용과 관련되어 정의 된다.

■ 하중과 적층설계를 위한 반복작업은 최종설계로 도달하는데, 이 최종설계는 강성, 좌굴 안정성, 피로를 포함함 강도의 해석을 위한 유한요소해석으로 검증한다.

■ 최종적으로 시제품 블레이드가 제조되고 시험되는데 설계를 입증하기 위하여 극한 플랩방향 하중과 피로하중에 대하여 시험한다.

PART

블레이드 제조 공정

Blade Manufacturing Processes

3

3.1 개요 - Introduction

블레이드의 구조설계는 제조방법과 밀접하게 연관되어 있다. 두 사항 모두 효과적인 비용과 신뢰성있는 제조를 할 수 있도록 고려되야 하기 때문이다. 구조설계 chapter에서 두 가지 공통적인 접근방법에 대하여 토의했다. 즉, 전단웹이 있는 구조 쉘과 쉘 유선형 구조로 된 박스 스파이다. 구조설계 측면에서 블레이드를 제조하는 데는 두 가지 접근방안이 있는데 프리프레그법과 수지주입(infusion)법이다, 둘 중에 어떤 제조방법도 두 가지 구조설계를 만드는데 사용될 수 있지만, 프리프레그법은 현재 박스형 스파설계를 제조하는데 거의 독점적으로 사용되고 있다.

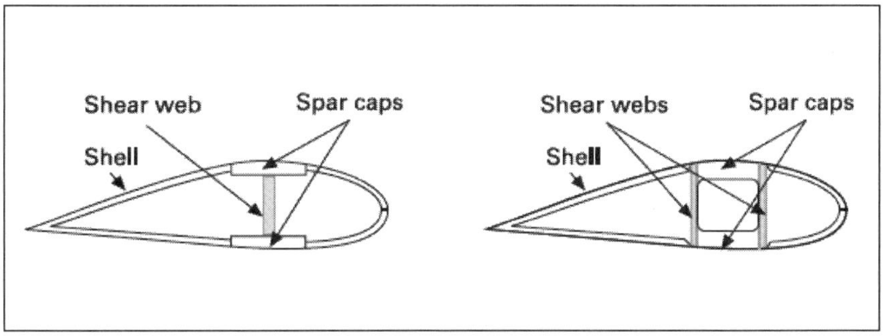

Structural Shell / Shear Web and Structural Box Spar concepts

〈그림3.1 구조쉘/전단웹과 구조박스 스파 개념〉

총괄적인 최상의 성능과 비용을 주는 제조방법의 선택은 풍력산업내에서 많은 논쟁의 주제 중의 한 가지이다. 수지주입공정(infusion process)은 공통적으로 낮은 재료의 비용(BOM: Bill of Materials) 때문에 저렴한 공정으로 인식되고 있다. 하지만 프리프레그로 만든 블레이드는 높은 수지물성을 얻을 수 있고, 자동화를 고도화할 수 있는 보다 일관성있는 제조법이므로 블레이드 중량을 저감시킬 수 있다. 저감된 블레이드 중량은 블레이드 자체와 발전기에 하중을 감소시키고 풍력터빈의 가격 저감과 다른 부품의 마모를 감소시킬 수 있는 가능성을 제공한다. 그러므로 블레이드의 성능과 비용에 대한 논의는 재료의 가격을 넘어서 부수적인 사항을 함께 고려할 필요가 있다.
재료와 제조공법의 선정에서 주요 고려사항중의 한 가지는 블레이드의 길이이다. 블레이드의 길이가 증가함에 따라 경험적 데이터에서는 무게는 약 2.5승에 비례하여 증가한다. 이러한 경향은 여러 가지 이유에서 지속적으로 유지될 것 같지는 않다. 그 이유들은 수송상의 제한, 베어링에 미치는 하중, 블레이드 구조에 미치는 하중, 타워에 주는 하중 등 때문이다. 따라서 다른 재료기술 혹은 새로운 설계개념이 대형 블레이드가 계속 존재하기 위해서는 필요하다.
길이가 증가함에 따라 중량을 줄이기 위한 방법중의 한 가지는 유리섬유를 강성이 높고 가벼운 탄소섬유로 대체하는 것이다. 탄소섬유(모듈러스 E=240GPa)는 유리섬유(E=80GPa)보다 강성이 약 세배 정도 높고 밀도도 유리섬유의 2.4kg/m3 대비 1.8kg/m3이다. 그러므로 탄소섬유의 비강성은 유리섬유 보다 약 4배정도 크다. 탄소섬유가 블레이드의 무게 저감에 대한 해결책을 제공하지만 탄소섬유로 설계하고 제조할 경우 높은 가격(유리섬유 보다 7~8배 높음)과 적용할 때 요구되는 작업의 정밀도 수준은 고려해 봐야 될 도전적인 사항이 된다.

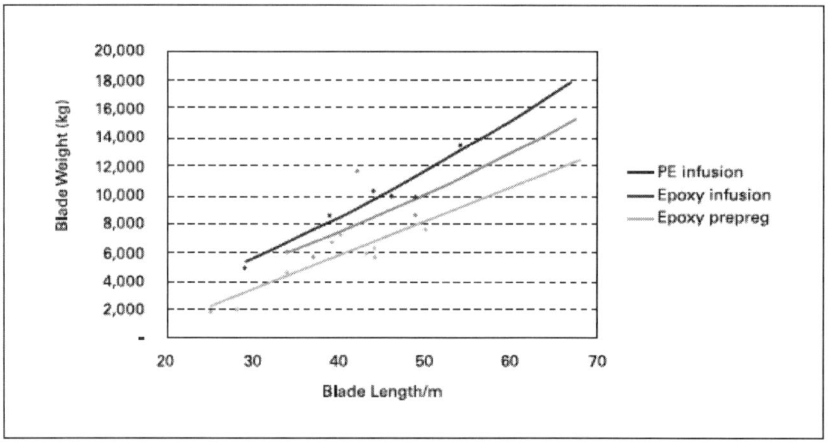

Blade Weight vs Blade Length

〈그림3.2 블레이드 중량 vs 길이〉

블레이드가 길어짐에 따라 복합재 구조물내의 손상메커니즘도 또한 변화하기 시작한다. 20~30m급 작은 블레이드에서 설계는 주로 강성에 주안점을 두었고 재료물성은 섬유의 강성에 의하여 지배된다. 블레이드가 대형화됨에 따라 설계는 피로하중에 훨씬 더 예민하고 피로하중은 복합재료의 수지에 더 좌우된다. 더구나 압축에 대한 피로하중이 설계를 이끄는 요인이 될 때 복합재료의 품질은 더 중요하게 된다. 압축하중에서 섬유는 가능한한 하중방향으로 곧게 유지되야 하고 수지는 섬유가 국부 좌굴이 되는 것을 방지할 필요가 있다. 그러므로 하중을 감당하는 복합재 적층판은 정확하게 배열되고 가능한 기포가 없어야 한다. 이러한 증가하는 요구사항을 달성하기 위해서는 재료선정 과정이 설계에 매우 크게 영향을 주고 그 결과로 스파캡과 같은 중점 구조부품에는 프리프레그 기술을 더 선호한다. 프리프레그는 정확한 섬유 배열, 고성능 수지, 낮은 기공함량을 제공해 준다.

3.2 수지 인퓨젼 기술 - Resin Infusion Technology

3.2.1 서론 : Introduction

수지주입법의 일반적인 원리는 진공을 이용하여 보강섬유나 직물속으로 수지를 빨아들이는(suck) 것이다. 진공은 적층된 직물의 한 쪽 끝에서 압력을 감소시켜 대기압이 힘을 가하여 수지가 섬유속으로 스며들도록 한다. 수지가 적층된 직물에 스며드는 속도와 거리는 아래 파라메트와 관계가 있다.

수지시스템의 점도 μ
적층된 직물의 투과도(permeability) D
주입되는 수지에 작용하는 압력구배 ΔP

이들의 관계는 인퓨젼 속도, ν 항으로 나타낸 아래 식을 사용하여 정의할 수 있다.

$$\nu \propto \frac{D\,x\,\Delta P}{\eta}$$

그래서 인퓨젼 속도는 직물적층의 투과도가 증가함에 따라 인퓨젼 속도는 증대되고, 압력구배(ΔP)가 증가하면 인퓨젼 속도가 증가하고 점도(μ)가 증가하면 인퓨젼 속도는 감소한다.

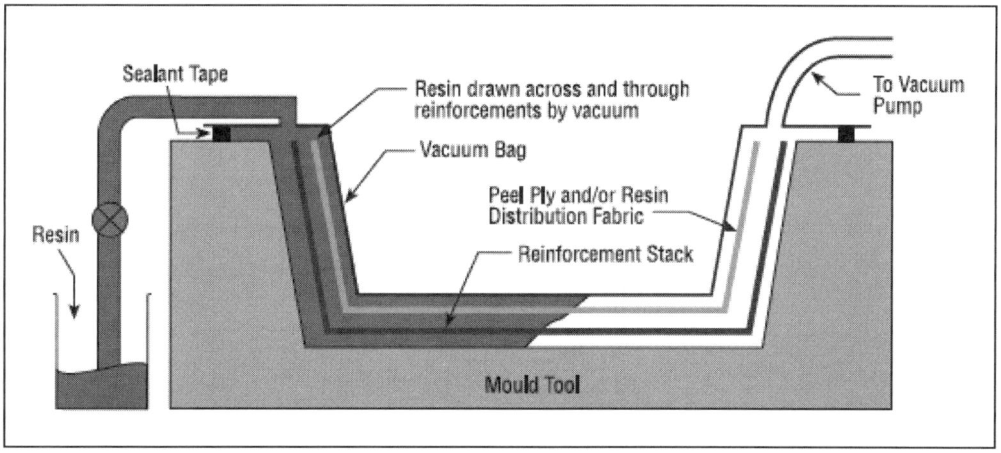

Resin Infusion Process Schematic

〈그림3.3 수지 인퓨젼 공정 개념도〉

3.2.2 수지점도 : Resin Viscosity

위의 식으로부터 빠른 수지주입을 위해서는 점도가 낮은 수지시스템이 필요하다는 것은 분명하다. 저점도 수지는 수지가 주어진 압력구배에 대하여 적층직물을 통하여 더 멀리 흘러가도록 해주는데 저점도 수지는 함침된 적층물에 저항이 덜 생기기 때문이다. 이런 사항은 대형 부품에서 필요한 수지 주입구의 수를 줄여주고 인퓨전 공정에서 복잡성을 감소시킨다. 수지의 점도는 화학적 구성에 의해서 결정된다. 에폭시 수지는 풍력터빈 블레이드에 널리 사용되는 인퓨젼 수지중의 한 가지 인데, 수지 취급자들은 표준 에폭시의 점도를 낮추기 위하여 희석제를 사용한다. 수지 합성기술자의 기술은 희석제를 사용할 때 에폭시 수지의 기계적 강도나 물리적 특성(열적 성능, thermal performance)이 감소되지 않도록 확실하게 해야 한다.

인퓨젼 속도를 향상시키는 다른 방법은 수지의 온도를 올리는 것이다. 점도는 온도에 반비례하고 경험법칙에 의하면 온도가 10 ~ 15℃ 오르면 점도는 반으로 낮아진다. 따라서 가열된 tool에 가열된 수지를 주입할 때의 혜택은 빠른 주입속도와 주입구 숫자의 감소 등임이 분명한데 왜냐하면 수지가 주어진 압력구배에서 더 멀리 흘러가기 때문이다. 하지만 온도는 경화과정을 가속화시켜 수지의 반응성을 상당히 증가시키게 된다.

점도에 관한한 일반적인 법칙(rule)은 매 10~ 15°C 증가는 경화시간을 반으로 줄여준다. 수지가 경화할 때 점도는 지수함수로 증가하기 시작하여 부드러운 젤(gel)을 형성하고 이어서 유리상의 그물구조의 고체로 된다. 점도의 상승은 수지주입 공정에서 분명하게 생산성에 지장을 줄 수 있다. 젤화된 수지는 흐름성이 낮아져 주어진 시간 내에 부품에 충분하게 수지주입이 이루어지지 않게 되면 나중에 많은 수리가 필요하게 된다. 결과적으로 수지 기술자는 수지가 점도와 반응성의 항목으로 성형공정의 요구사항에 맞도록 맞춤이 되도록 확인할 필요가 있다.

3.2.3 투과도 : Permeability

직물과 적층판의 투과도는 여러 개의 요인에 좌우된다.

섬유직경(Fiber diameter)
섬유표면처리(Fiber sizing)
직물행태(Fabric type)

유리섬유와 탄소섬유는 아주 다른 투과성을 가지고 있는데 탄소섬유는 유리섬유보다 상당히 수지주입이 어렵다. 이유는 탄소섬유의 직경이 유리섬유보다 작기 때문인데, 탄소섬유의 직경은 5 ~ 10㎛이고 유리섬유는 16 ~ 24㎛이다. 결과적으로 탄소섬유는 더 빽빽하게 채워넣게 되어 투과도를 낮추게 된다.

직조와 같은 추가적인 제조과정에서 섬유를 보호하기 위하여 섬유에 화학적 표면처리를 하고 복합재료의 기계적 성능을 최대화하기 위하여 수지와의 접착력을 증진시키기 위함이다. 접착을 위한 중요한 요구사항중의 한 가지는 표면 젖음성이 좋아야 하고 표면처리제(size)는 젖음 특성이 우수하도록 특별하게 처방해서 만들어야 한다. 이것은 인퓨젼 공정에서 매우 중요한데 섬유가 빠르게 함침되어 수지가 적층직물을 빠르게 통과할 수 있도록 해야 한다.

섬유의 취급을 쉽게하고 빨리 쌓게 하도록 섬유는 여러 가지 형태로 공급된다. 첫 번째 단계는 수천 가닥의 섬유를 함께 모아서 로빙(roving)이나 토우(tow)를 만든다. 로빙이나 토우는 섬유에 묻어있는 표면처리(sizing)에 의하여 서로 간에 잘 붙어있게 되고 순차적으로 스티칭(재봉)이나 짜게 되어 직물로 된다. 직물의 형태에 대한 더 자세한 사항은 "Guide to Composites" *에 주어져 있다. 직물은 기계적 성능과 섬유의 배열에 주안점을 두고 선정하게 되지만 인퓨젼 공정을 고려하면 투과성에 대한 조심스러운 고려가 또한 요구된다.

* Guide to composites: Gurit사의 복합재료 문헌

3.2.4 압력구배 : Pressure Gradient

수지를 주입하기 위하여 가능한 압력은 도구나 진공백 등에서 압력 누출이 없다는 전제하에서 수지주입시의 대기압과 진공펌프의 용량에 좌우된다. 수지가 적층직물로 주입될 때 수지흐름의 전단에 유효저항력(effective drag)은 증가하기 시작한다. 저항력의 양은 수지가 주입되는 적층 직물의 부피와 투과도에 비례한다. 따라서 일단 주어진 부피의 직물에 주입이 이루어지면 저항력은 최초의 압력구배와 같아지고 수지흐름 전단은 중지된다.

가용한 최대 압력구배는 대기압으로 제한되기 때문에 투과성이 높은 직물을 선택하거나 부품에서 중요한 위치에서 추가적인 수지주입 파이프를 배치하여 압력구배가 유지되도록 해야한다. 적층물이나 부품이 형상과 두께가 다양하기 때문에 진공배출구에 비교하여 수지 주입점의 위치나 숫자의 결정은 복잡해질 수 있고, 때로는 컴퓨터 모델링이 필요하기도 하다.

3.2.5 진공적층물과 공구 요구사항 : The Vacuum Stack and Tooling Requirements

인퓨젼 공정에서 가장 중요한 성형변수는 진공장치와 tooling의 진공 충실도일 것이다. 조금만 누출이 생겨도 복합재 적층판에 공기가 딸려 들어가서 수지가 주입되는 적층판에는 압력구배가 있기 때문에 공기가 적층판 전반에 걸쳐 빠르게 부풀어 오른다. 이렇게 되면 기공률이 높아져 적층판의 품질이 저하되고 상당하게 수리를 해야 된다. 결과로써 tooling 작업시에 진공도을 유지하도록 아주 주의해야하고 진공백에도 누출이 발생하지 않도록 해야 한다.

Tool의 완전한 진공은 진공백을 tool의 표면에 공기가 통하는 막이나 천으로 덮고 진공이 전 표면에 분포되도록 하여 점검한다. 진공은 진공게이지가 최대치에서 안정화될 때까지 작동시킨다. 최대 진공압은 그 날의 대기압과 제조공장의 고도에 좌우된다. 진공펌프를 분리시키고 진공저하시험(vacuum drop test)을 행하여 tool의 진공도와 파이프와 연결부위를 포함하는 진공백의 진공도를 측정한다. 인퓨젼 공정에서 대표적인 요구사항은 진공하강이 5분에 2.5%을 넘지 않아야 되고 진공주입구(vacuum inlet)에서 떨어진 지점에서 진공압을 측정하는 것이 중요하다.

블레이드 제조공정에서 겔코드 프라이머를 직물을 쌓기전에 몰드에 바른다. 겔코트의 주요기능은 페인팅을 하기전에 가볍게 표면마모를 시키게 될 초벌표면 상태를 만드는 것이다. 그러나 겔코트도 또한 Tool에 진공도를 높여준다.

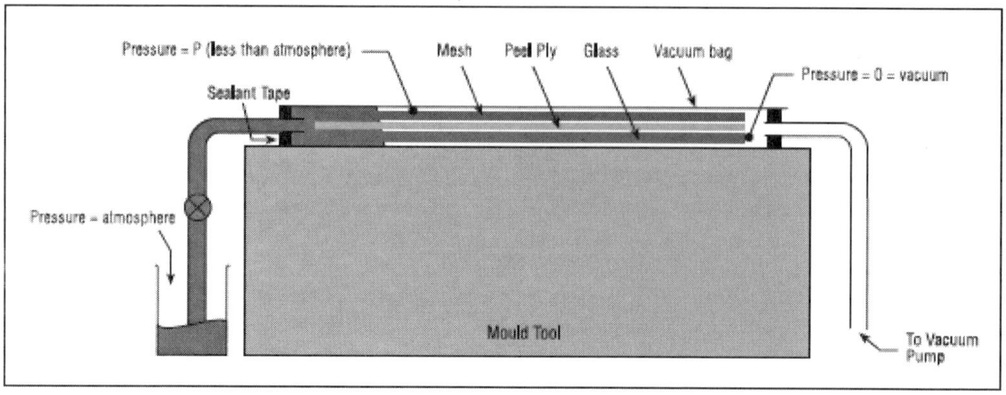

Vacuum Infusion: Pressure Gradient

〈그림3.4 진공인퓨전 = 압력구배〉

복합재 적층판내에 진공이나 압력구배를 제공하는 진공 적층물(vacuum stack)이나 기타 소모품들은 다른 기능들을 제공한다. 나일론 peel ply는 적층직물의 표면에 적용하는 첫 번째 플라이인데 이것은 신공소모품 잔여물을 제거하기 위하여 경화 후에 표면으로부터 벗겨내게 되고 다음의 제조 공정을 위하여 깨끗한 표면을 유지하기 위한 것이다. Peel ply 위에는 수지주입용 그물망(메쉬, mesh)을 까는데 이것은 주입속도를 가속화시키기 위해서 사용된다. 다른 종류의 투과도를 가진 메쉬가 사용되는데 적층구조와 부품의 크기에 따라 선정된다. 추가적으로 수지 공급용 파이프가 메쉬에 연결되는데 요구되는 수지흐름이 전체 부품에서 제대로 달성될 수 있는지 확인해야 한다. 질기고 새지않는 진공백을 전체 조립물위에 덮고 끈적한 테이프로 몰드의 모서리를 따라 부착한다. 높은 진공도를 얻기 위하여 전체 적층물이 완전하게 공기가 새지 않는지 확인하기 위해서는 일정수준의 기술과 훈련이 요구된다.

3.2.6 인퓨전 공정 : The Infusion Process

수지주입법을 실제로 적용하는 것은 모든 부품에 대하여 때로는 쉽지 않고 적절하지 않을 수 있다. 이 제조공법은 잠재적으로 예측이 어려운 부분이 있는 공법이라고 알려져 있다. 주로 수지 흐름과 진공완성도 때문에 발생하는 전체공정에서 실패의 가능성을 말한다. 여기에서 자세하기 말하는 인퓨전 공법은 측면에서 다른 측면 혹은 중앙에서 바깥으로의 주입하는 것을 말한다. 이렇게 수지를 주입하는 인퓨전 공법은 몇 가지 부품에 대해서는 유일하게 적용하거나 최고의 제조법은 아니지만 성공적으로 인퓨전 공정을 개발하기 위한 방법 중에서 맞는 좋은 예시이다.

3.2.7 인퓨전 공정의 기초 : Fundamentals of the Infusion Process

아래 그림은 샌드위치 구조가 아닌 단일층의 평판 복합재 적층판에 대한 인퓨전 set-up을 보여준다.

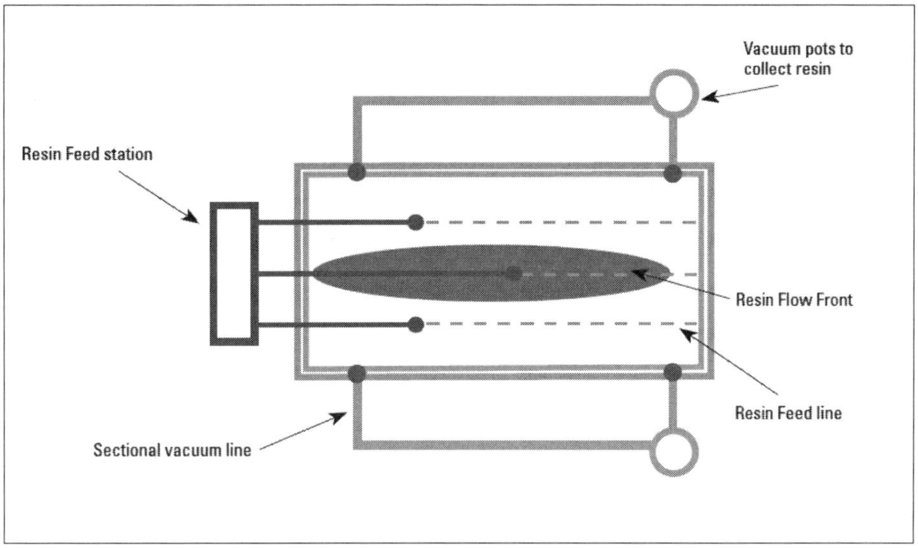

Typical Resin Infusion Set-up

〈그림3.5 대표적 수지 인퓨전 셋업〉

인퓨전 예시에서 중요한 점은 아래와 같다.

■ 다중 수지주입 라인과 수지주입용 메쉬가 빠른 충전시간을 얻기위하여 때때로 사용된다.

■ 수지주입 라인을 잘 배열하게 되면 흐름이 부품의 일부분을 고립화시키지는 않는다. 때로는 병렬 주입라인은 한쪽 면에서 다른 면으로 흘려서 채우거나 단순한 부품의 경우에는 중간에서 주입하여 잘 되게 한다.

■ 수지주입을 할 때 바닥면과 윗면사이에는 흐름 지연현상이 발생한다. 이 현상때문에 주입구의 개폐와 주입라인의 순서를 고려해야 한다. 그럼으로써 수지흐름이 적층직물의 위에서 바닥까지 적층판을 완전하게 포화시킬 수 있다.

■ 만일 순차적 주입라인이 너무 빨리 열리면(수지가 진공백의 윗부분의 직물층만 적시고 아래 몰드면에 있는 직물층을 함침시키지 못할 때) 아래에 미함침 부분이 발생한다.

■ 수지 충전라인은 수지전단이 도달하기 전에 먼저 가득 채워져야 한다. 조절 밸브를 열어서 수지가 주입파이프와 부품의 충전라인을 채워서 해결하게 된다. 이렇게 하여 조절 밸브와 수지통 사이에 들어있는 공기를 제거하게 된다. 그리고 수지유동 지연이 해결될 때까지 밸브는 닫고 열지 말아야 된다.

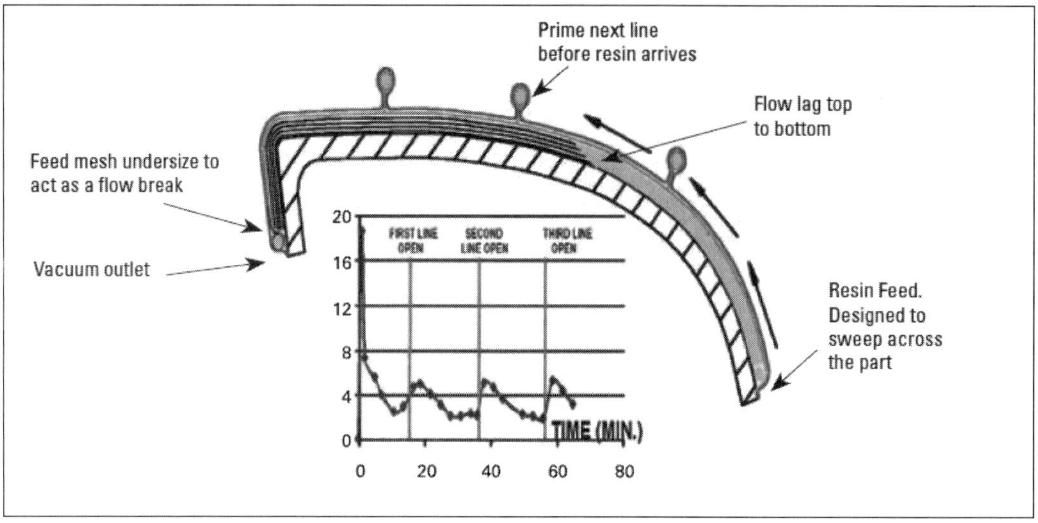

Controlling the Infusion Flow Rate

〈그림3.6 인퓨젼 유동속도 제어〉

■ 적층물 표면위의 주입용 매쉬는 주입속도를 가속화시키기 위하여 사용되지만 진공백의 표면에서 몰드면까지 주입 지연을 발생시키기도 한다. 이런 지연이 너무 크고 투과도가 낮은 매쉬를 선택해야 된다면 문제가 될 수 있다. 수지주입의 끝부분을 검토할 필요가 있는데, 이 끝부분에서 추가적인 함침을 방해하는 수지에 의해서 진공 유출구가 막히기 전에 유동 지연 현상을 제거해야 한다. 그래서 부품의 모서리에서 지연현상을 제거하기 위하여 윗 표면에 주입매쉬를 물러나게 설치해야 한다.

■ 진공압력하에서 누출이나 붕괴될 수 있기 때문에 값싼 밸브나 파이프는 피해야 한다.

■ 클램프로 채워진 파이프를 사용하면 공기누출을 방지하기 위하여 수지공급통의 수지에 파이프 끝부분이 잠기는지를 확인하는 주의가 필요하다.

■ 수지 주입을 시작하기 전에 진공 충실도를 체크하는 것이 매우 중요하다. 진공은 절대압력의 %로 정량화하고 보통 인퓨젼 공정에서는 95%이상이 되어야 한다. 누출속도나 압력강하 시험이 체크되야 하는데 진공펌프를 차단하고 진공게이지가 사용되어 진공레벨이 얼마나 빨리 감소하는지를 결정하기 위하여 사용된다. 인퓨젼 공정에는 진공 강하는 5mbar/min이 일반적 이다.

■ 적층 직물위에 진공백이 정확하게 놓여졌는지 확인하기 위하여 시간을 충분히 가져 브리징이 생기는 것을 방지해야 하는데 이 브릿징은 수지의 "race tracking" (역자 주: race tracking effect - 수지가 얇은 부분이 채워지기 전에 유동이 저항이 작은 두꺼운 공간을 따라 먼저 흐르는 효과)과 제어하기 힘든 유동전단을 일으키는 원인이 된다.

■ 수지주입후에 수지가 적층물안의 수지가 겔화될 때까지 진공이 유지되야 한다. 이 시점이 후에는 공기가 구조물에 더 이상 침투될 수 없다.

■ 적층물은 적절한 경화과정(보통 50℃ 이상)을 거쳐 수지의 기계적 강도와 열적 특성을 갖추도록 해야 한다. 그래야 구조물이 탈형과정에서 하중을 견딜 수 있다.

3.2.8 직물적층 : Fabric Lay-up

직물 적층을 시작하기전에 진공백의 밀봉재를 두기 위해서 사용되는 구역(area)는 마스킹테이프로 보호해야 한다. 이 마스킹테이프는 끈적한 테이프(보통 실런트, 역자주)와 몰드사이의 흐트러진 섬유로부터 진공누출을 방지하는 것을 돕는 실런트를 두기전에 제거된다. 직물을 적층하기 전에 섬유연결현상(fiber bridging)을 피하는 것이 매우 중요하다. 그럼으로써 투과도가 높아지는 면적을 방지하게 된다. 그렇지 않으면 이것이 race track을 female 코너에 발생시키고 male 코너에 ears를 형성하게 된다. 이 현상은 직물을 잘 재단하거나 지그재그형 접합이나 겹침법을 이용하면 피할 수 있게 된다.

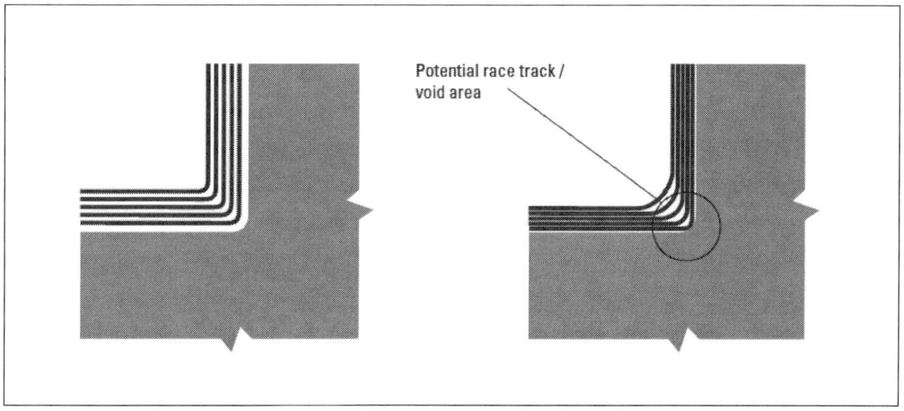

Female Corners before / after applying vacuum and bridging effects

〈그림3.7 진공적용 전후의 코너에서의 브릿징 효과〉

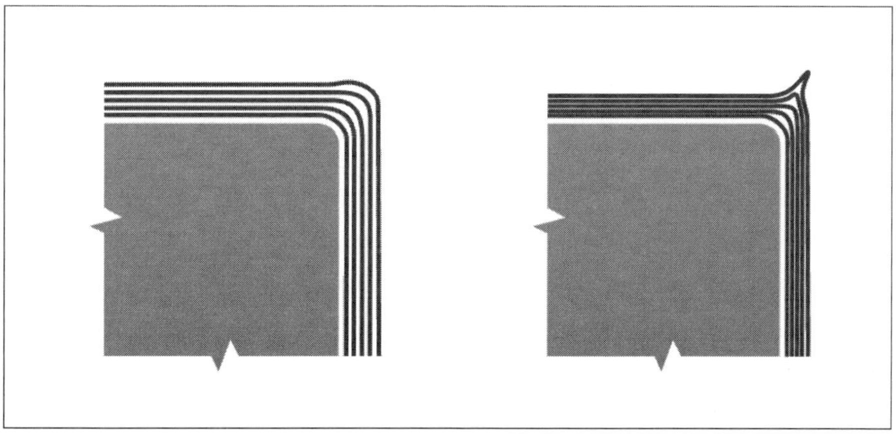

Male Corners before / after applying vacuum and ear formation

〈그림3.8 진공전후의 모서리에서의 ear 형성〉

3.2.9 인퓨젼 진공용 소모품 : Infusion Vacuum Consumables

Peel ply, 주입 메쉬, 진공백 등을 적용할 때 직물에서 처럼 브리징을 피하는 것이 매우 중요하다. Peel ply와의 브리징 가능성을 낮추기 위해서는 layer를 여러 조각으로 재단한 요소로 나누어 진공을 적용할 때난 적층물이 경화될 때 움직일 수 있도록 허용해야 한다. Peel ply를 조각내면 경화 후에 제거하기도 쉬워진다. 같은 방법이 주입 메쉬에게도 적용된다. 하지만 진공백은 연결부위에서 진공누출 가능성을 피하기 위하여 한 장의 연속 layer로 맞추어야 한다. 그러므로 부품의 형상이 매우 복잡할 때 진공백의 설치는 기술이 요구되는 작업이다. 일반적으로 방법은 백을 제자리에 놓고 진공을 뽑기 시작하는 것은 10~15% 진공도를 거는 것인데, 완전한 진공을 걸기 전에 움직임과 다시 자리 잡기에 충분한 유연성을 허용하는 것이다.

인퓨젼 메쉬에 더하여 적층직물에 인퓨젼하기 전에 부품의 전체에 다량의 수지가 빠르게 분포되도록 추가적인 공급라인이 필요하다. 수지를 공급하는데 이용하는 다수의 물품들이 있는데 나선 보강 튜브도 이에 해당한다. 튜브는 길이에 따라 수지가 빠르게 흐르도록 1기압에서 단단하게 유지하지만 부품의 측면벽까지 컨트롤된 형태로 흘러간다.

3.2.10 수지준비 : Resin Preparation

주입과정을 시작하기 전에 수지혼합 작업, 순차밸브 개폐의 타이밍, 수지의 소모율 등에 대한 몇 가지 고려가 필요하다. 각 작업공정에 필요한 충분한 인력이 있는지, 각 작업에 대한 시간계획이 정확한지 확인하기 위한 계획수립이 필요하다.

인퓨젼에 사용되는 대개의 수지스시템(에폭시, 폴리에스터, 비닐에스터)은 특성상 발열성인데, 액상에서 고체기지로 반응하는 동안 열을 발산한다. 반응을 시작하기 위하여 수지는 촉매제와 경화제와 섞게 된다. 촉매나 경화제는 인퓨젼 시간에 따라서 선정된다. 대형 부품의 경우에는 인퓨젼 시간이 많이 요구된다. 그러므로 수지의 점도가 너무 높아져서 적층직물을 함침시키지 못하기 전에 수지가 주입될 수 있도록 늦은 반응을 지니는 촉매나 경화제가 필요하다. 하지만 어디든 가능하다면 수지주입 시간을 최소화하여 생산성을 증가시키고 공기누출의 위험성을 낮추는 인퓨젼시스템이 선정되어야 한다.

수지가 혼합될 때 혼합 용기안에서 서서히 반응하기 시작할 것이다. 대량의 수지가 한번에 혼합되면 반응시 나오는 발열은 수지의 온도를 증가시키고 반응시간을 가속화시키는 것을 피할 수 없다. 따라서 자동화된 혼합시스템이 있지 않는 한 수지는 혼합 후에 가능한 빨리 적층직물 속으로 주입되야 한다. 주입초기에 다중 수지주입구에 요구되는 양만큼 수지의 무게를 측정하고 혼합할 시간적인 여유가 항상 있는 것은 아니기 때문에 수지의 공급체인을 주의깊게 계획할 필요가 있다. 공기에 의한 오염가능성을 증가시키는 수지주입 파이프를 제거하는 일을 피하기 위하여는 추가적으로 넣어야 하는 수지혼합물은 원래의 용기속으로 부어 넣어야 한다.(역자주: 주입라인을 이용하여 또 다른 용기에 있는 추가재료를 주입하게 되면 주입라인의 증가에 따른 공기 발생의 가능성이 증가하기 때문에 추가 혼합재료를 원래 용기에 부어 넣어야 한다.)

혼합과정은 수지시스템에 공기를 넣게될 수 있는데 이것은 수지의 기계적 성능에는 바람직하지 않다. 이 문제는 혼합된 수지를 몇 분동안 그대로 두어서 진공챔버내의 수지중의 가스를 제거하거나 공기가 전혀없는 자동혼합 시스템을 사용하여 해결할 수 있다.

3.2.11 인퓨젼 : Infusion

진공백이 최대압력하에 두게되고, 브릿지가 제거되었고 최종 진공완전성(vacuum integrity)의 점검이 끝나면 부품은 이제 수지주입을 위한 준비가 되었다. 수지를 수동으로 혼합하고 있으면 혼합중에 발생한 공기의 대부분이 표면으로 나오는 것을 허용할 수 있는 잠깐의 쉬는 시간을 가진 다음에 시작하게 된다. 주입파이프에 있는 밸브는 주입초기에 너무 빠르게 작동될 수도 있기 때문에 수지유동의 속도를 조절하기 위하여 천천히 열어야 한다. 이렇게 하면 미함침 부분을 만드는 수지전단에 과다한 지연을 가져올 수 있고 다음 배치(batch)가 혼합되기 전에 수지공급이 고갈되기도 한다.

인퓨젼 공정이 제어되어 작동하고 있으면 다음 세트의 밸브를 열기 전에 수지양을 좀 더 혼합되야 한다. 전체 수지전단이 적층물의 위와 아래에 있는 공급선을 지났을 때 다음 세트의 밸브를 열어야만 한다. 밸브를 열면 상당량의 직물/수지에 의한 저항이 제거되어 압력구배가 확실하게 증가하기 때문에 수지 유동속도가 다시 증가될 것이다. 이과정은 전체 부품이 수지로 주입될 때까지 반복된다.

인퓨젼이 완성되면 수지주입라인 끝을 수지에 담궈진 그대로 클램핑하고, 진공라인에서 적층물로부터 수지를 빨아내는 것을 방지하기 위하여 진공압을 줄인다. 진공라인으로 빨아들여진 수지는 수지 트랩(역자 주: 잉여 수지 저장용기)에 담는다. 적층물은 공기가 함유될 가능성을 제거하기 위하여 가능한 빨리 겔화 및 경화시킬 필요가 있다. 겔화 및 경화공정은 적층물의 온도를 증가시켜 가속화시키지만 진공상태의 덩어리로 온전한 진공상태를 유지하도록 주의해야 한다.

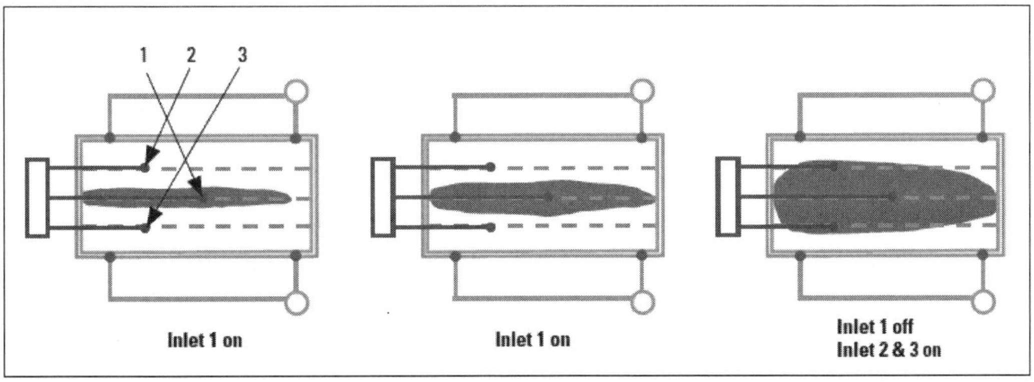

Progression of a Resin Infusion Process

〈그림3.9 수지 인퓨젼공정에서의 진행〉

3.2.12 경화 : Cure

적층판의 최적 기계적 성능을 개발하기 위하여 그 부품은 열처리를 할 필요가 있다. 인퓨젼용도로 사용된 대부분의 수지는 상온에서 경화정도가 매우 높게 되지만 약 4주가 걸리게 된다. 대부분의 제조환경 하에서는 최적의 생산상을 위해서 부품은 몰드로부터 가능한 빨리 제거할 필요가 있다. 따라서 경화공정은 인퓨젼 공정이 성공적으로 끝난 후에 가열해서 가속화할 필요가 있다. 대형 부품에 사용된 천천히 경화되는 수지의 경우에는 50℃에서 16시간 경화사이클이 사용된다. 70℃라는 경화온도는 경화시간을 4시간 정도로 단축시키지만 이렇게 높은 온도에 견딜 수 있는 몰드의 성능에 대한 고려가 필요하다.

몰드내에서 완전경화를 하는 대체방안은 후경화를 적용하는 방법이다. 이 방법은 몰드가 25℃ 이상에서 사용하도록 설계하지 않은 경우에 사용된다. (몰드를 만들 때 더욱 정교한 재료를 사용하고 높은 온도에서 몰드 형상이 유지되도록 설계해야 하므로 온도 요구사항이 증가함에 따라 몰드가 더 비싸지게 된다.) 경화는 부품이 몰드에서 제거될 수 있을 만큼 충분하게 강해진 단계까지 이루어질 때까지 몰드에 두게 된다. 그리고 부품은 오븐에 두게 되는데 경화온도까지 온도가 오르게 천천히 온도 기울기를 유지한다. 천천히 온도를 올리면 수지가 계속해서 경화하고 열적 저항성을 증가하여 결과적으로 오븐온도는 항상 일정온도 이하로 유지한다. 그 일정 온도란 수지가 고상의 유리같은 구조에서 고무같이 변하는 소위 유리전이온도, Tg라 하는 것이다. 온도 변화 기울기가 너무 커서 수지의 열적 성능을 초과하면 부품은 자중 하에서 뒤틀리게 된다.

3.2.13 풍력터빈 블레이드의 인퓨전 : Wind Turbine Blade Infusion

풍력터빈 블레이드는 쉘의 형상이 복잡한 구조를 갖지 않기 때문에 인퓨젼 공정에 적절하다. 하지만 대형의 쉘부품, 샌드위치 구조를 만드는 부위에 코어가 포함되어 있다는 점, 스파캡에 있는 일방향섬유(UD fiber)에 수지 주입을 하는데의 어려움, 몰드에서 생기는 결과물에 대한 요구사항 등은 해결해야 되는 추가적인 도전사항이다.

블레이드의 주요 구조부품은 스파캡인데 루트부위에서 팁까지 배열되는 일방향 섬유로 되어 있다. 일방향 섬유층(fiber layer)의 원래의 특성상 충전효율은 매우 높아서 투과성은 낮다. 이 문제를 극복하기 위하여 수지주입을 돕도록 좀 더 높은 투과성을 가진 층을 층간에 끼워 넣는다. 혹은 독립적으로 적용되는 스파캡 공정에 따라 만들어지기도 한다. 경화된 스파캡은 쉘 구조물을 위하여 적층직물 조립체에 포함되어 완전히 일체화된 쉘 구조물이 된다. 전단웹도 독립 공정으로 제조되어 두 개의 쉘이 최종 조립에서 함께 접합될 때 블레이드 구조물에 일체화 된다. 일체형 인퓨전공정(즉, 쉘과 전단웹)이 또한 가능하여 2차 접합공정의 필요성을 없게 하지만 수지주입의 위험도와 복잡성이 크게 증가하게 된다.

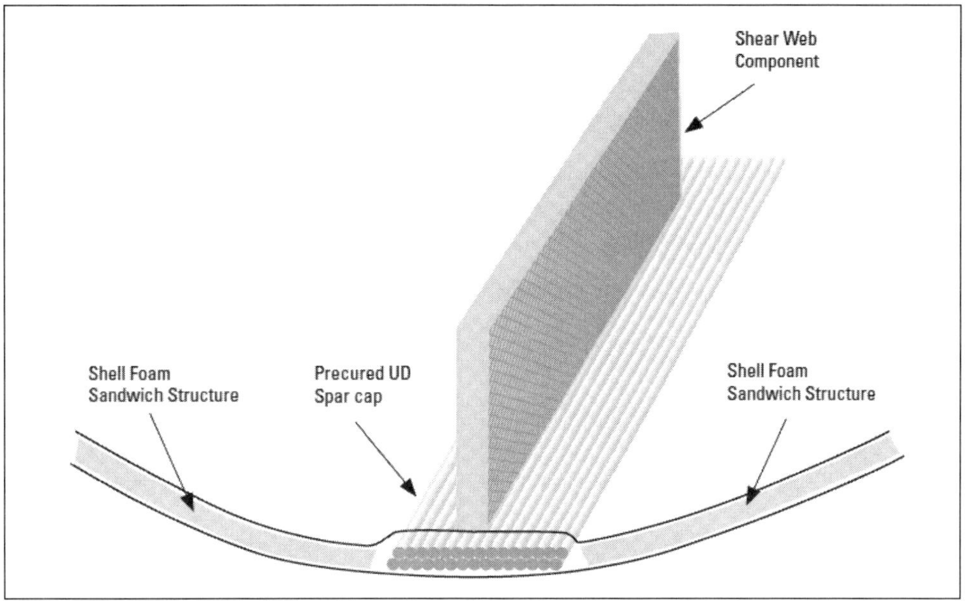

Schematic of an Infusion Blade Structural Components

〈그림3.10 인퓨젼 블레이드 구조 부품의 스케치〉

제조상에서 주요 목표중 한가지는 블레이드를 제조하는 시간을 최소화 함으로써 공장의 처리능력을 최대화 하는 것인데, 구체적으로 말하면, 가장 경비가 큰 자산인 쉘 몰드의 사용을 극대화하는 것이다. 그래서 스파캡과 전단웹을 병행제조 공정으로 가져감으로써 쉘구조물의 인퓨젼의 복잡함을 저감시키는 공정이 블레이드 제조에 널리 통용되는 방법이다. 결과적으로 블레이드 인퓨젼의 주요 강조점은 거의 전적으로(predominantly) 샌드위치 구조물인 쉘구조물의 나머지 부분을 인퓨젼하는 것에 맞춰진다.

3.2.14 샌드위치 구조 : Sandwich Structures

한겹의 스킨 적층판은 유리섬유, 탄소섬유, 아라미드 섬유, 혹은 다른 섬유로 만들어져서 강하지만 비교적 두께가 얇기 때문에 강성이 부족하다. 전통적으로 이런 패널의 강성은 다중프레임이나 보강재(stiffners)를 더해서 증가된다. 하지만 무게가 늘어나고 제조상 복잡해 진다. 최근에는 구조용 폼을 더해서 두께(즉, 강성)를 증가시켜서 복합재료 산업계에서는 널리 사용된다.

샌드위치 구조는 경량의 코어 소재로 분리되어 있지만 양면에 두 개의 고강도 스킨으로 구성된다. 적층판 사이에 코어를 넣는 것은, 추가적인 적층층을 더하여 무게를 증가시키지 않고 두께를 증가시키는 방법이다. 실제로 코어는 I-beam에서 웹같은 역할을 하는데, 웹은 하중을 견디는 플랜지사이의 경량의 "분리물"을 제공하는 것이다. I-beam에서는 플랜지는 주요 인장과 압축하중을 부담해서 웹은 비교적 경량으로 될 수 있다. 샌드위치 구조에서 코어재료는 스킨 복합재 적층판의 재료에 비교해서 무게가 비교적 낮아질 수 있다.

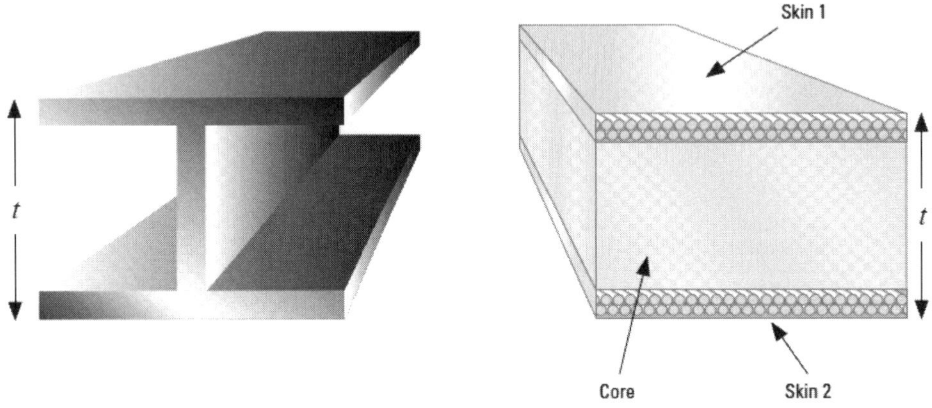

〈그림3.11 I-beam과 코어를 가진 샌드위치 구조의 비교〉

공학적 이론은 패널의 굽힘강성은 두께의 세제곱에 비례한다. 복합재료 적층판의 코어를 사용하는 목적은 저밀도 코어소재로써 효율적으로 두껍게 함으로써 적층판의 강성을 높이는 것이다. 이렇게 하면 무게를 조금만 추가되지만 강성을 극적으로 증가시킬 수 있다.

3.2.15 샌드위치 구조의 인퓨젼 : Infusing a Sandwich Structure

수지 인퓨젼의 주도적인 장점중의 한 가지는 샌드위치 적층판이 요구되는 곳에 적용할 수 있다는 것인데, 코어는 적층판 스킨과 동시에 인퓨젼 될 수 있다. 이것은 많은 부품들 중에서 공정시간을 크게 절감시킬 수 있는데, 전통적으로 이들 부품의 코어는 두 번째 스킨을 적층하기 전에 첫 번째 스킨을 코어로 접착하게 된다. 한번에 전체 샌드위치 부품을 인퓨젼하게 되면 한면 스킨의 인퓨젼 보다는 상당히 많은 준비가 필요하지만, 인퓨젼이 성공정으로 완성되고 전체 샌드위치 적층판의 제조를 위하여 더 이상 작업이 필요하지 않다면 사전 준비에 대한 비용을 되찾을 수 있다. 전체적으로 인퓨젼된 샌드위치 적층판은 전통적 습식 적층(Wet-laminating) 방법으로 만들어진 샌드위치 보다 가볍다 왜냐하면 사용된 코어접착제는 정확한 양이 되기 때문이다. 진공압력은 코어가 패널에 주입될 정확한 수지량을 사용케하고 코어와 스킨의 직물층사이에 있는 홈(그루브)과 패턴을 수지가 채워지는지를 확실하게 보장한다.

샌드위치 구조에서 인퓨젼을 돕기 위하여 코어는 수지가 좀 더 쉽게 흐를 수 있도록 바꿀 수 있다. 코어가 있는 샌드위치에 인퓨젼에 성공하기 위한 주요 인자(key parameter)는 수지가 코어 양면에 있는 적층판의 두 스킨사이에 흐르도록 허용하는 것이다. 이것은 여러 방법으로 할 수 있는데 대개의 코어는 인퓨전 친화적인 다양한 설계를 가진 형태로 구매될 수 있는데, 이런 코어는 드릴 구멍, 가로 세로 줄, 양면에 홈과 막을 가졌거나, 혹은 이것들이 결합된 형태의 특징을 갖고 있다. 다양한 코어 형태는 수지의 속도와 흐름에서 유연성을 허용할 수 있도록 공급된다. 몇 가지 코어는 아주 빨리 주입되게 하고, 다른 것들은 유동이 두꺼운 적층판에 수지가 주입될 수 있도록 유동을 늦추기도 한다. 수지 유동을 늦추는 매쉬가 사용되면 수지는 코어를 최소의 저항성이 있는 통로로 사용할 수 있는데, 매쉬가 중복기능부품(redundant)으로 역할을 한다는 뜻이다.

코어특성을 최적화함으로써 인퓨전 시간이 상당히 줄어들고 희생목적의 인퓨젼 매쉬를 사용해야 하는 요구사항이 없어진다. 매쉬는 또한 상당양의 수지를 함유하고 있는데 많은 비용으로 나중에 폐기해야 한다. 하지만 코어에 있는 홈이나 구멍은 더 많은 수지를 유인하고, 탈형시에도 제거되지 않아서 블레이드의 최종 중량에 보태진다는 것이 고려되야 한다.

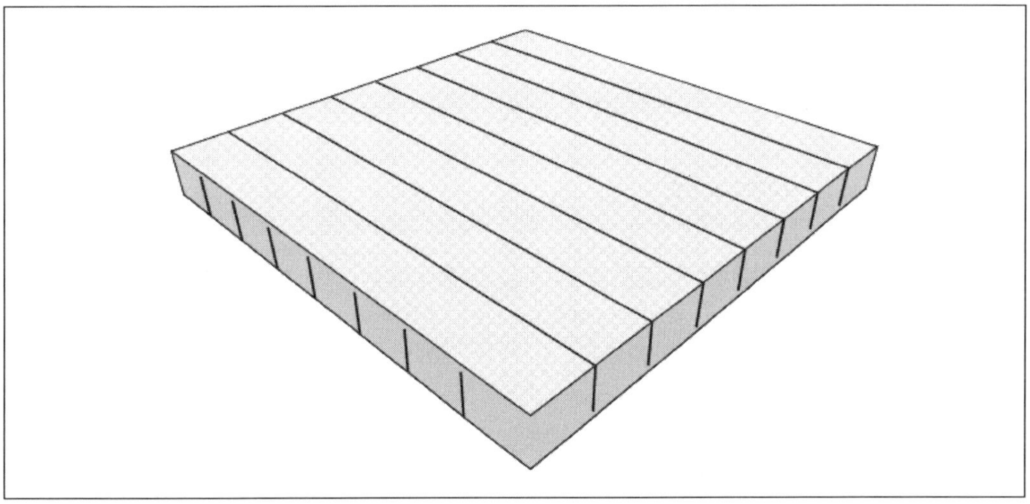

Core Section with Infusion Score Lines

〈그림3.12 인퓨젼 스코어라인을 가진 코어단면〉

3.2.16 구조 쉘 인퓨젼 : Structural Shell Infusion

코어 개발이나 인퓨젼 절차를 통한 인퓨젼 공정의 최적화에서 많은 진보가 있었으나, 인퓨전 공정은 아직도 환경온도나 압력의 변화 때문에 매우 큰 변화가 생기기 쉽다.
이전에 설명한 바와 같이 인퓨젼 속도는 수지의 점도와 압력구배와 비례한다. 수지의 점도는 온도 변화에 매우 민감하여 작업장 온도가 일정하여 인퓨젼 공정이 영향을 받지 않도록 보장해야 한다. 실제로 계절에 따라 온도 변동이 매우 큰 지역에서는 요구되는 허용 오차를 만족해야하므로 대형 공장에서 공기환경을 조절하는 것은 비용이 매우 높아진다. 이런 상황을 극복하기 위하여 인퓨젼공정이 시작되기 전에 몰드를 일정한 온도로 가열한다. 몰드 온도는 대개 30~35도 정도이거나 시즌 중 가장 높은 온도에 맞춘다. 이렇게 하면 일정한 수지점도를 유지할 수 있는 면에서의 장점과 연중을 통하여 안정한 공정을 가져갈 수 있는 장점이 있어 인퓨젼 시간을 가속화하기 위하여 수지의 점도를 감소시키고 경화시간을 줄여준다.

불행하게도 대기압을 조절할 수 있는 선택방안은 많지 않다. 그래서 압력구배를 조절하게 된다. 인퓨젼 온도의 증가는 압력변동의 영향들을 최소화하는 데 도움을 준다. 왜냐하면 적층 직물과 코어에서 점도가 낮아져서 저항성을 낮추기 때문이다. 대기압은 적층판의 두께와 수지함량의 변화를 주는 경화도를 결정한다.

적층직물과 코어를 조립하는데 중점은 일정한 품질과 무게를 가진 블레이드를 만드는데 중요 한 인자에 있다. "race tracking" 의 직물 브릿지의 영향과 따라오는 미함침 부분은 이미 논의 되었으나 브릿징이 발생하는 2차적 결과는 그러한 공극을 채우는 추가적인 수지이다. 이러한 변동성을 대기압 변화에 의하여 생기는 수지량의 변동과 관련하여 결합될 때 전체 블레이드 중량의 변동성은 문제가 된다. 개별 풍력터빈에 대하여 하중을 경감하고 발전기의 마모를 줄이기 위하여 세 블레이드가 무게에서 가능한 같게 해야 하는데 블레이드 무게가 크게 분산되는 것(역자 주: 각 블레이드 무게가 크게 달라지는 상황)은 바람직하지 않다.

3.3 인퓨젼 블레이드의 구조접합 - Structural Bonding of Infused Blades

3.3.1 개요 : Introduction

블레이드를 마무리(페인팅)하기 전에 제조공정의 최종 단계는 두 쉘구조와 전단웹을 접합하는 것이다. 이 특정한 구조 설계(쉘 구조물과 전단웹)에 대하여 고려해 보면 쉘 구조의 스파캡에서 전단웹으로, 또한 앞전의 쉘과 뒷전의 쉘사이로 상당량의 하중이 전달될 필요가 있다, 그러므로 구조용 접착제가 필요하고 이런 형태의 블레이드의 중요한 부품이 된다.

접착작업에서 첫째 단계에서는 전단웹을 치공구를 사용하여 하부 쉘로 접합하고, 쉘의 가장자리를 따라 전단웹의 윗부분에 접착제를 적용한다. 접착제의 경화를 가속화하고, 탈형이 가능하도록 몰드를 재가열하기 전에 상부 쉘을 하강시켜 제 위치에 자리 잡는다. 전단웹과 스파캡의 접착제에 의한 접합부위에 추가적인 강도를 제공하고 쉘에서 전단웹으로 하중전달을 돕기 위하여 접합부위 위에 추가적으로 적층한다.

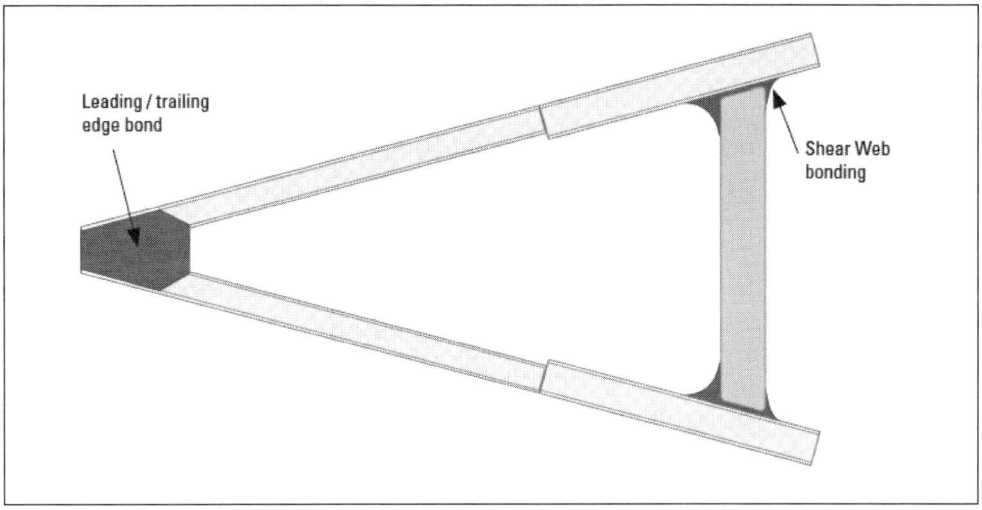

Schematic of Adhesive Bonding Applications in Wind Turbine Blades

〈그림3.13 접착제 접합 적용예시〉

성공적인 접착을 위해서는 고려해야 할 다수의 중요한 재료특성과 공정 요구사항이 있다. 모든 엔지니어링 구조물의 예시에서 처럼 최적의 해결책은 구조설계, 재료, 공정 선택을 동시에 고려함으로써 얻어진다.

3.3.2 조인트 설계 : Joint Design

본질적으로 강한 접합을 만드는 첫 단계는 단순하중으로부터 최소화시키는 좋은 설계를 실시하는 것이다. 최소의 노동력과 시간으로 고품질의 접착이 반복적으로 이루어지도록 보장하기 위하여 접합공정과 주변 구조물을 고려하여 접합부위는 설계되야 한다. 이음부위 설계는 무게와 2차적 영향을 감소하기 위하여 접착제 사용량을 최소화해야 한다. 여기에서 부수적인 영향이란 접합부위를 약하게 만들 가능성이 있는 발열과 수축을 말한다.

3.3.3 사출속도 : Dispense Rate

다른 모든 공정에서와 같이 접합작업은 최고의 작업품질을 보증하면서 가능한 빠르게 완료할 필요가 있다. 풍력터빈 블레이드의 경우 접착 면적이 매우 커서 접착제를 높은 수준의 정밀도로써 가능한 빠르게 발라야 한다. 접착제를 빨리 바르기 위해서는 빠른 사출속도를 가진 혼합기에 사용하기 적절하게 조제되야 하는데, 이런 작업은 접착제의 요변성(thixotropic property: resistance to sagging and drainage)이 유지되는 동안에 이루어져야 한다. 이런 상황은 접착제 작업자에게는 상당한 도전이 될 수 있는데 왜냐하면 혼합기가 재료에 큰 전단력을 작용하게 되기 때문이다. 그렇게 되면 재료는 요변성에 좋지 않는 영향을 받게 된다.

3.3.4 요변성과 압축성 : Thixotropy and Compressibility

풍력터빈의 크기와 형상 때문에 30mm에 이르는 접착라인의 두께는 보통이다. 그러므로 접착제는 수직표면에 지지가 없을 때도('sag-resistance 라고 함) 30mm 두께를 유지할 수 있어야 한다. 그리고 높은 전단속도를 가진 혼합기를 통과 한 후에 전단회복 시간(the shear-recovery time)으로 정량화되야 한다.

몰드가 닫히고 상하 두 개의 쉘들이 접착작업으로 들어가면, 접착라인을 최소한의 두께로 감소시키기 위하여 접착제를 움직이거나 압축(compress)하기 위한 요구사항이 있다. 접착제의 압축성(compressibility)은 접착제의 점도와 요변성에 깊게 관련되어 있다. 이 특성은 접착제를 배합할 때 주의깊게 고려되야 한다.

3.3.5 발열과 경화수축 : Exotherm and Cure Shrinkage

접착제는 접착이음 부위에의 적용과 몰드 닫힘 작업에 충분한 시간동안 최적 공정물성을 지니도록 조제되야 한다. 접착부위가 일단 닫히면 접착제의 요구사항이 그 때 변한다. 왜냐하면 접착부위의 경화가 가능한 빨라야 하는데 이것은 다음 부품을 위하여 블레이드가 탈형에 준비하는데 허용되는 시간을 주기위한 것이다. 접착제의 조제와 특히, 접착제의 반응성은 접착부위의 두꺼운 접착라인에서 발열이 생기기 때문에 더 복잡하게 된다.

발열은 접착제의 부피나 주변의 단열작용으로부터 발생한다. 이런 단열작용은 쉘의 적층판과 코어재료가 반응작용 동안 열이 빠져나가는 방지함으로써 이루어진다. 발열반응에 의해서 생기는 고온은 접착제의 수축을 야기시키고 접착부위내의 상당한 잔류응력을 발생시킨다. 그래서, 경화반응 동안에 발열을 제한할 수 있도록 배합하거나 잔류응력을 견딜 수 있도록 조제되야 한다.

3.3.6 인성 : Toughness

재료의 인성(toughness)의 일반적인 정의는 크랙 형성과 전파에 대한 재료의 회복력이나 탄력을 말하는데 즉, 깨어져서 파손되는 것을 방지하는 능력이다. 이것은 접착제의 중요한 특성인데 왜냐하면 크랙은 제조공정(수축응력 때문에) 동안 시작될 수 있고 운송중의 충격응력 때문에, 터빈의 매일 운전중에 발생하는 피로응력으로부터 역시 시작될 수 있기 때문이다. 따라서 풍력터빈 블레이드용 접착제는 어떤 수준의 인성을 갖도록 개발된다. 인성은 하중을 가했을 때 파손에 이르는 접착제의 변형율, 혹은 신장의 측정으로 정량화 된다.
아래 그림에서 취성과 인성이 있는 접착제에 대하여 설명하고 있다. 곡선하의 면적은 접착부위의 파손이 발생하는 동안 흡수된 에너지의 척도로 접착제의 인성의 지표를 제공한다.

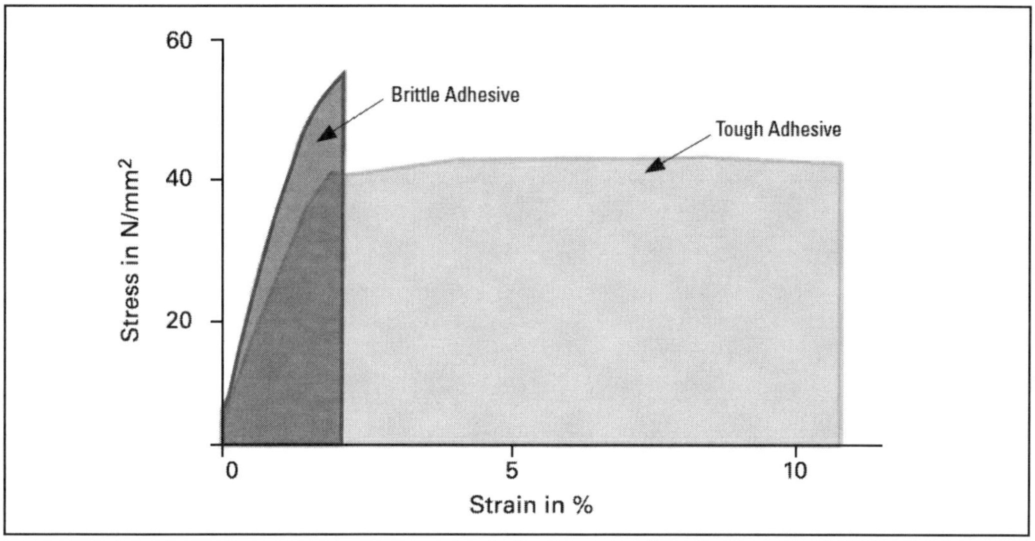

Stress / Strain Curve for Tough & Brittle Adhesives

〈그림3.14 두 가지 접착제의 응력-변형율 곡선〉

접착제가 제조된 부품에 적용되기 전에도, 조립을 위한 접합설계는 성공적인 결과를 위해서는 매우 중요(때로 간과되기도 함)하고 블레이드 설계에서도 예외는 아니다. peel 응력이 회피되면 접착제가 최상으로 작용하고 있다고 알려져 있지만 단순하지는 않다. 앞전, 스파캡이나 다른 접합부위에 대한 국부적인 접합설계는 극적인 효과를 가질 수 있다.

구조물과 접합 요소물의 조심스러운 설계, 제조과정에 대한 검토를 통하여 과잉의 엔지니어링을 피할 수 있고, 재료의 소모량을 감소시킬 수 있고, 시간과 에너지를 가능한 효율적으로 블레이드 생산에 적용할 수 있다.

3.4 프리프레그 기술 - Prepreg Technology

3.4.1 개요 : Introduction

프리프레그는 "pre impregnation" 의 약자인데 섬유층이나 직물이 수지에 함침되어 균질한 precursor(역자 주: 전구체)를 만들고 순차적으로 이것은 복합재료 부품을 제조하는데 사용된다. 프리프레그를 만드는 수지는 본질적으로 높은 점도를 가지고 상온에서는 반고체 상태로써, 다루기 쉽고, 절단이 쉽고, 수지의 운반 혹은 이송, 오염없이 몰드에 적층할 수 있게 한다. 일단 몰드내에서 적층이 되면 프리프레그가 상승한 온도, 대개 산업용 적용에는 80℃에서 120℃, 에서 진공상태하에서 경화된다.

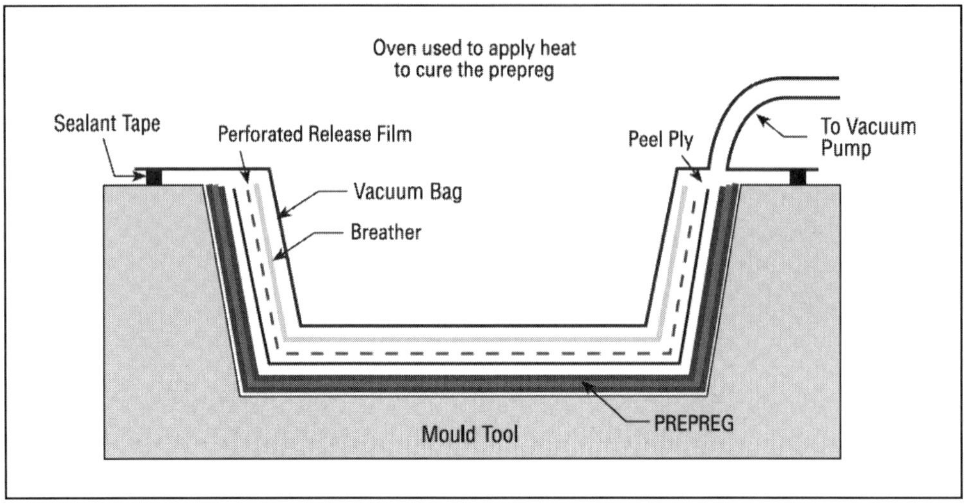

Schematic of Prepreg Processing

〈그림3.15 프리프레그 공정 개요도〉

프리프레그는 롤형태로 공급되고 많은 혜택을 제공하는데, 그것들은 고도로 제어된 수지함량, 인퓨젼이나 습식공법보다 높은 성능의 수지, 일방향(Unidirectional) 프리프레그의 잘 관리된 섬유배열, 빠른 적층속도와 자동화 역량 등의 혜택 등이다. 하지만 높은 성능의 수지가 들어있고, 저온보관과 수송에 대한 요구사항, "prepregging" 이라는 추가적인 공정 등 때문에 프리프레그는 인퓨젼 공정에서의 동등한 수지와 보강재보다 kg당 가격이 보다 비싸다. 더구나 프리프레그를 위하여 증가된 공정온도는 tooling 비용을 상승시킬 수 있다.

3.4.2 프리프레그 제조 : Prepreg Manufacture

프리프레그의 제조는 수지 인퓨젼과 동일한 기본원리를 따르는데 인퓨젼 속도는 수지의 점도, 압력, 그리고 섬유나 직물의 투과도에 비례한다.

공정온도에서 수지의 점도 η
섬유 web/직물의 투과도 D
Web에 작용하는 압력 P

이것들 간의 관계는 프리프레그 장비의 속도, PLS에 관하여 아래 식을 사용하여 쉽게 정의할 수 있다.

$$\text{Prepreg Line Speed (PLS)} \propto \frac{D\,x\,P}{\eta}$$

그러므로, 직물이나 섬유 web을 함침시키기 위하여 수지의 점도는 낮아야하고, 어느 정도의 압력이 가해져야 하고 섬유나 직물의 투과도가 고려되야 한다.

일반적인 프리프레그용 수지의 점도는 상온에서 고형이기 때문에 점도는 함침이 가능하도록 상당하게 낮춰져야 한다. 이것을 할 수 있는 방법은 두가지가 있다: 용매를 이용하는 것이나 가열하는 것이다. 풍력에너지용 프리프레그 재료와 관련한 방법은 두 번째 방법이다.

산업용 분량으로 프리프레그를 생산하여 가격 목표를 맞추기 위해서는 프리프레그 생산라인은 가능한 빨리 운영해야 한다. 수지와 섬유/직물 web에 압력을 동시에 가하는 시간동안에 점도가 낮아져야 한다. 결과적으로 빠른 속도에서도 함침능력을 최대화하기 위하여 프리프레그 제조기계에는 대형의 가열 및 응고구역이 있다.

아래 그림은 프리프레그 공정의 개략도이고 아래와 같이 요약된다.

Step 1: 종이 캐리어에 수지 필름을 입힌다.

Step 2: 수지 필름과 직물/섬유는 윗부분에 두 번째 종이 캐리어로 결합한다.

Step 3a: 수지 점도를 낮추기 위하여 섬유/수지/종이 web이 가열구역을 통과한다.

Step 3b: 섬유/수지/종이 web이 함침 롤러아래를 통과하고 섬유/직물은 함침된다.

Step 4: 롤에 감기는 동안 반응진행(staged)이 생기거나 수지가 분출되는 것을 막기 위하여 수지 냉각

Step 5: 종이 캐리어를 제거한다.

Step 6: 폴리에틸렌/폴리프로필렌 backer를 적용한다. 프리프레그가 자체적으로 붙거나 적층 전에 오염되는 것을 방지한다.

Step 7: 프리프레그 롤을 저온 창고로 가져가서 보관수명을 보존한다.

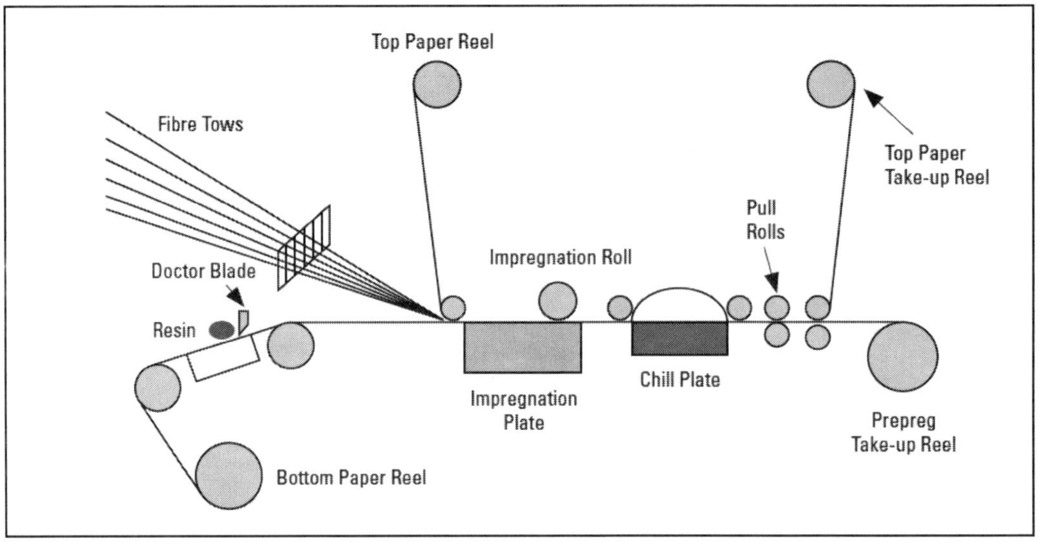

Schematic of the Pre-Pregging Process

〈그림3.16 프리프레그 제조공정 개념도〉

공정속도를 정확하게 제어하는 것은 프리프레그 특성에 손상을 주는 것을 방지하는데 중요하다. 프리프레그를 제조하면서 너무 오래동안 고온에서 있어야 하면 수지는 부분적으로 반응하고 프리프레그는 "staged" 된다고 하는데 tack, drape, 저장수명과 같은 성능의 특성에 영향을 준다.

3.4.3 프리프레그의 특성 : Prepreg Characteristics

인퓨전 수지의 물성과 특성을 정의할 때, 주요 강조사항은 온도의 함수로 점도와 제품의 반응성이다. 몇 가지 표준직물에 대한 열적 및 기계적 데이터가 다른 수지에 비교할 수 있는 경화 온도범위에서 제공된다. 프리프레그의 경우 공정중에 점도와 반응성은 또한 핵심적인 특성이고 기계적 및 열적 물성은 특정 프리프레그에 대하여 쉽게 정의될 수 있지만 고려해야될 추가적인 취급 인자가 또한 존재한다.

3.4.4 형상적응성 : Drape

섬유/직물과 고점도 수지를 결합하는 공정은 직물/섬유를 몰드 표면 형상에 따라 맞추는 능력에 상당한 차이를 만든다. 프리프레그를 몰드 표면에 맞추는 능력(역자 주: 기능)을 drape 라하고 직물/섬유 구조(섬유 형태, 배향, 바느질 패턴 등)와 수지 화학에 종속된다. 프리프레그에서 불충분한 drape기능이 있으면 적층중에 문제가 생긴다. **왜냐하면 그런 프리프레그 ply는 브릿지를 형성시켜 최종 부품의 품질을 저하시키는 적층판 내에 많은 양의 공기를 갇히게 한다.** 인퓨전 공정과 달리 이런 큰 기공은 추가적인 수지로 채워지지 않을 것이다. 왜냐하면 수지의 부피는 프리프레그 적층판에서 미리 결정되어 있었기 때문이다. Drape는 또한 온도에 크게 좌우되므로, 수지의 특성을 구체화할 때 작업장의 최소 작업온도가 고려되야 한다.

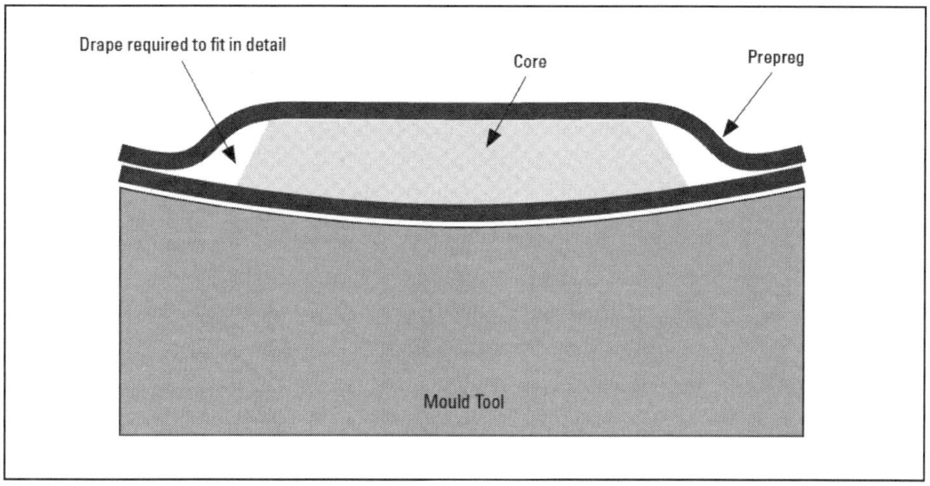

Prepreg Drape Illustration

〈그림3.17 프리프레그 형상적응 개념〉

3.4.5 끈적임 특성 : Tack

프리프레그에 사용된 수지가 일반적으로 상온에서 반고체이지만, 프리프레그의 표면은 약간 정도의 끈적이는 특성(역자 주: stickiness)을 갖게 된다. Tack정도는 손으로 측정될 때 그 무엇이지만 극단적으로 낮은 tack 프리프레그는 끈적임을 보이지 않는다. 비록 상당한 압력을 가하지만, tack성이 높은 프리프레그는 높은 압력없이도 접촉했을 때 수지가 손가락에 묻게 된다. tack는 수지 함량, 섬유나 직물형태(수지 배합의 변동, 작업장 온도의 변동), 때문에 프리프레그마다 다르다.

일정한 tack 수준을 얻고 안정된 적층공정을 가져가기 위하여 프리프레그가 적층되고 진공하에서 경화되는 작업장소에 에어컨디셔닝을 하게 된다.

일반적으로 적층공정에서 tack 성질은 프리프레그가 몰드 표면과 그 다음층에 달라붙게 하는 장점이 있다. 몰드가 수직면을 가지면 프리프레그가 몰드에 점착될 수 있도록 보증하는 정도의 높은 수준의 tack가 요구된다. 과도한 tack은 보호 PE/PP backer(역자 주: 스티커의 코팅 크라프트지와 같은 역할, release paper라고도 함)를 제거할 때와 ply를 재위치를 하는데 문제가 생기게 된다.

3.4.6 유동 : Flow

부품의 경화중에는 프리프레그의 수지는 온도가 상승함에 따라 점도가 낮아진다. 이것은 수지가 흘러 인접 프리프레그 ply사이에 이음매가 없는 접합이 되게 하지만 공기가 적층물에서 진공설비로 옮겨가도록 한다. 수지유동은 다른 재료와 우수한 접착을 하는데 필수적이다. 여기에서 다른 재료란 몰드 표면의 겔코트나 샌드위치 구조물의 부피가 큰 코어재료를 말한다. 유동은 우선적으로 점도의 함수이고, 수지의 점도 프로파일은 프리프레그의 주요 재료 특성이다. 전형적인 온도의 함수로 나타난 점도 곡선(profile)은 아래 그림에서 보여준다.

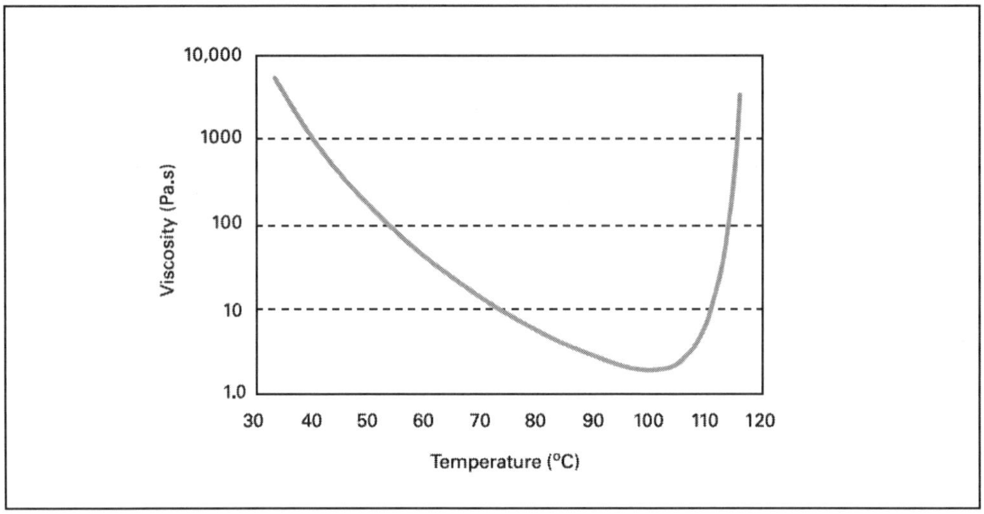

Prepreg Resin Viscosity Profile vs Temperature Increase @ 1°C/min

〈그림3.18 프리프레그 수지 점도 vs 온도 사이클〉

3.4.7 폐기 수명 : Out-life

프리프레그 수지는 잠재(latent) 촉매(촉매를 활성화시키기 위해서는 온도가 요구됨)를 사용하고 있어 부품이 높은 온도에서 경화될 때까지 프리프레그는 요구되는 수준의 tack과 drape를 유지한다. 하지만, 잠재(latent) 촉매는 상온에서 매우 천천히 반응하여 재료내에 어떤 점에서 tack이나 drape성능이 없어질 때까지 수지의 점도를 형성해 준다. 이 점에서 재료는 대개의 응용에서 사용하기 불가능해지고 재료의 out-life의 한계에 도달했다고 한다. 풍력에너지 시장에서 사용되는 프리프레그는 대개 상온(20 - 23℃)에서 60일의 수명을 가지지만 25℃ 이상의 온도에서는 상당히 줄어든다. 이런 수지에 사용되는 촉매의 특성 때문에 수명의 단축을 방지하기 위하여 프리프레그는 냉동창고에 보관하고 운송한다.

3.4.8 프리프레그 공정 : Prepreg Processing

프리프레그는 monolithic(프리프레그로 자체만으로 된)와 샌드위치(프리프레그와 코어) 복합재구조물의 제조를 위하여 설계되고 대기압 진공백 기술이나 오토클레이브를 사용하여 성형하는데 사용한다. 오토클레이브 공정은 항공산업에서 폭넓게 사용되지만 오토클레이브 설비에 자본이 많이들기 때문에 비싸다. 또한 오토클레이브는 매우 큰 부품 용도에는 엄청나게 비싸다. 최근에는 오토클레이브를 사용하지 않고 큰 구조물에서 고성능 적층물을 만드는데 상당한 진전이 있었고 그것은 SPRINT®나 SparPreg™와 같은 프리프레그 기술의 진전 때문이다. 대부분의 산업용 응용을 위해서는 프리프레그는 표준 진공백 기술을 사용하여 성형하고 1기압의 압력을 사용하여 비교적 낮은 비용의 몰드에 빠른 싸이클 시간으로 가능하게 한다.

3.4.9 프리프레그 적층 : Prepreg Lay-up

프리프레그는 수명을 보존하기 위하여 저온에서 수송되고 보관된다. 그러므로 적용하기 전에 프리프레그 롤은 상온으로 돌리기 위하여 컨디셔닝해야 한다(tempered). 이것은 응축현상은 재료를 오염시킬 수 있기 때문에 보호 패킹을 제자리에 둠으로써 컨디셔닝이 된다. 프리프레그는 보호 backer가 그대로 인대로 필요한 형상으로 재단된다.

그리고 프리프레그가 몰드로 이송되고 몰드 표면에 붙기전에 첫 번째 backer가 제거된다. tack은 교체와 약간의 수정을 할 경우를 생각해서 만들어졌기 때문에 필요하다면 그 ply는 움직일 수 있다. 첫 ply에 있는 2번째 backer는 오염을 방지하기 위하여 2번째 ply를 적용할 준비가 되었을 때만 제거되야 한다. 재료의 각 ply는 돌출부나 주름없이 가능한 평평하게 깔아야 하고 코어 에지같이 상세부위에 브리지가 형성되지 않도록 세심한 주의가 필요하다.

샌드위치 구조의 경우 추가적인 프리프레그 ply가 두 번째 스킨을 만들 코어의 위에 적용되기 전에 코어키트는 프리프레그의 첫 ply에 점착된다.

3.4.10 진공적층물 : The Vacuum Stack

프리프레그(그리고 샌드위치 구조의 경우 코어)의 적층이 완료되면 나이론 peel ply가 프리프레그의 오염을 막기 위하여 적층물 전표면에 걸쳐 놓이게 된다. Peel ply는 적층물로부터 진공적층물(역자 주: 진공을 잡는데 필요한 블리더(bleeder) 등, 부속재료들)을 제거하기 위하여 사용되고 추가적인 접합작업을 위한 적절한 적층물 표면을 제공한다.

Peel ply에는 부품 경화의 초기단계에서 수지의 흐름을 제어하기 위하여 사용되는 구멍이 있는 이형필름이 뒤따른다. 그 필름의 구멍의 크기와 개수는 수지시스템의 유동특성에 맞도록 선정하게 된다. 유동수준은 고품질의 적층물을 만들고 코어와 표면 겔코트와 같은 2차 구조물이 프리프레그에 잘 접합되었는지를 보증하게 된다. 하지만 과잉유동은 너무 많은 수지가 적층물에서 제거되어 미함침부분을 만들기 때문에 부품의 품질에 해로울 수가 있다.

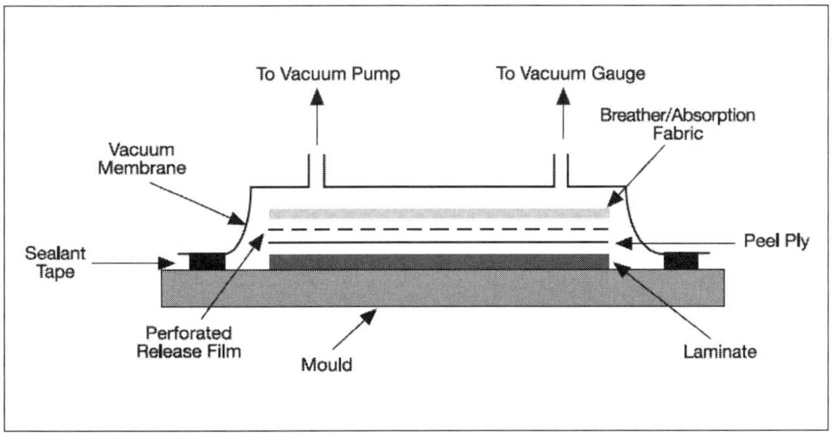

Prepreg Vacuum Stack

〈그림3.19 프리프레그 진공적층물〉

부품의 전표면에 걸쳐 진공분포가 잘 되도록하기 위하여 폴리에스로된 브리더(breather)가 이형 필름위에 배치된다. 진공하에서 브리더는 적층물을 경화하기 위하여 압력을 주고 수지가 구멍나 이형필름을 통하여 흐르도록 한다. 구멍이 있는 이형필름이 너무 많은 구멍을 가지면 수지가 적절하지 않은 순간에 브리더를 포화시켜 경화에 필요한 압력을 조기에 제거하고 수지를 빼낸다. 유동수준은 경화프로파일(역자주: 경화사이클)과 수지의 온도/점도에 의하여 제어된다.

진공적층물의 최종 layer는 전체 적층판과 진공 적층물을 덮는 진공백이 된다. 진공백은 경화공정중에 온도가 상승할 때 진공누출을 방지하기 위하여 온도 저항성이 높은 끈적한 테이프를 사용하여 가장자리를 따라 몰드에 부착하게 된다.

3.4.11 진공적용과 경화 : Vacuum Application and Component Curing

lay-up과 진공적층 공정이 완료되면 부품으로부터 공기를 제거하고 프리프레그를 경화시키기 위하여 진공이 적용된다. 이때 진공충실도는 인퓨젼 공정의 경우에서 만큼 중요하지는 않다. 왜냐하면 수지의 점도가 상당히 높아 공기 관통이 어렵기 때문이다. 하지만 고품질의 부품을 만들 적층물의 충분한 압착(consolidation)을 보증하기 위하여 진공압의 최소 85%가 여전히 요구된다. 프리프레그 부품의 경우 더 높은 누출속도는 결과적으로 공기가 들어가서 적층물이 하얗게 되지만, 50mbar/min라는 누출속도는 보통이다.

부품의 품질의 타협이나 열적 특성을 초과하여 몰드를 손상 등이 없도록 경화사이클은 가능한 가장 빠르게 경화하도록 계획되고 설계된다. 경화사이클은 얇은 적층물(1 - 5mm)에 대해서는 비교적 단순한데, 빠른 경화를 위해서 몰드 온도나 오븐을 최대 경화온도까지 직선적으로 올린다. 하지만 적층물이 5mm보다 두꺼워지거나 구조에 코어가 있으면 경화공정은 더 복잡하게 된다.

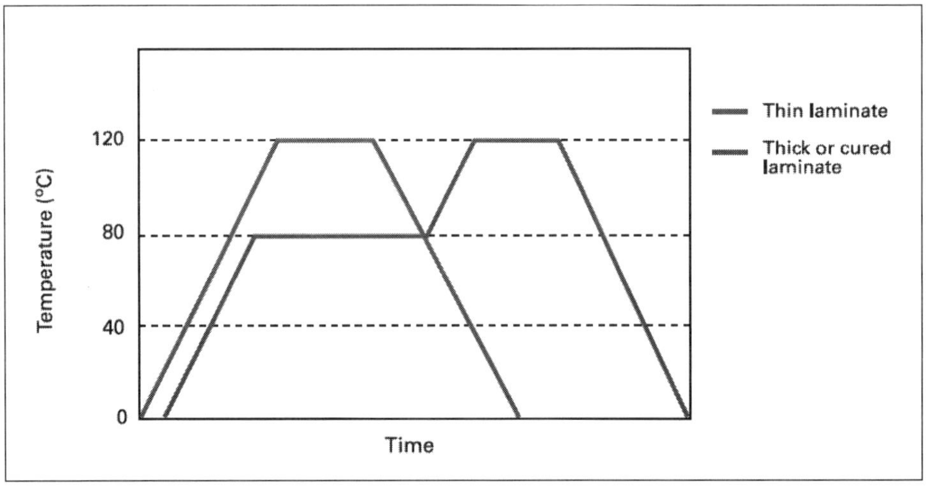

Prepreg Cure Cycles

〈그림3.20 프리프레그 경화사이클〉

에폭시 수지는 특성상 발열을 하게 되어 경화반응 동안에 열을 발생한다. 두꺼운 적층물에 대해서는 열의 발산이 더 어렵게 되고 적층물의 중앙에서의 온도는 증가하게 된다. 국부적인 온도 상승은 반응속도를 가속화시키고 더 열을 많이 발생시키고 발열 혹은 온도 spike를 발생시킨다. 발열온도가 너무 높아지면 적층물의 물성이 저하되거나 몰드가 심하게 손상될 수 있다. 적층물내의 최고 발열을 피하거나 제어하기 위하여 낮은 온도유지방안(temperature dwell)을 도입하여 경화스케듈을 수정할 수 있다. dwell 온도는 촉매의 활성온도 이상이어야 하지만 경화가 진행됨에 따라 반응속도를 낮게 유지시켜 적층물에서 열이 제거될 수 있게 허용해야 한다. dwell을 얼마나 유지해야 하는 것은 가장 높은 발열온도를 보이는 경향이 있는 적층물의 가장 두꺼운 부분에 의해서 결정된다. 경화사이클 동안 이 부분은 모니터링되는데 피크 발열온도에 이르렀을 때 최종 경화온도로 진행시키는 것이 안전하다.

적층구조에서 코어가 있으면 코어의 우수한 단열특성 때문에 국부 발열을 증가시키지만 일반적으로 적층스킨은 샌드위치 구조에서는 비교적 얇아서 발열의 가능성은 줄어든다. 하지만 코어는 적절한 경화스케듈로 조절되지 않으면 다른 문제를 발생시킨다.

대부분의 코어들은 운송중이나 전작업 과정(kitting) 중에 대기로부터 얻는 수분이나 제조상에 사용된 화학물질로부터 가열될 때 가스를 만들어 낸다. 가스발생은 코어와 적층스킨 사이에 상당한 압력발생을 가져온다. 이 압력이 진공백공정에서 생기는 강화압력을 초과할 때 스킨이 코어로부터 들뜨게 되어 큰 결함을 가져다 준다. 코어를 적용전에 가수분출을 최소화하도록 취급해도 중간 dwell을 경화사이클에 도입하지 않으면 여전히 문제의 가능성이 있다. 부품의 경화를 끝내기 위하여 경화온도를 올리기 전에 중간 dwell은 가수빼기 속도를 제한해 주고 수지가 경화되면서 코어와 강한 접착결합을 형성해준다.

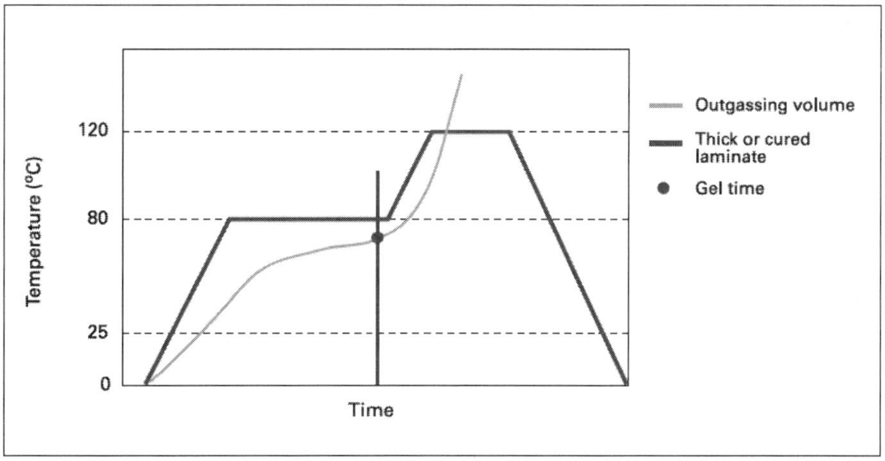

Foam Outgassing Characteristics vs Temperature and Time

〈그림3.21 폼 가스배출 vs 온도 및 시간〉

3.5 SPRINT® 기술 - SPRINT® Technology

3.5.1 개요 : Introduction

SPRINT®는 프리프레그 제품군중의 한가지인데 대형 구조물용으로 특별히 개발되었다. 적층물 두께가 부품의 크기가 커짐에 따라 증가하여 프리프레그 플라이사이에 들어있는 공기를 제거하는 문제가 중요하게 되었다. 아래 그림은 단순한 UD 적층판에서 플라이 사이에서 기공이 어떻게 증가하는지를 보여준다. 이 UD 적층판은 1,600g UD 유리 프리프레그 개별 플라이로 만들어졌다.

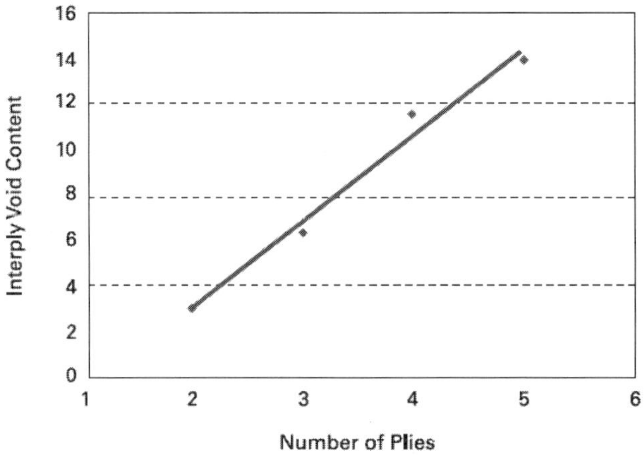

Relationship between Ply Numbers and Interply Void Content

〈그림3.22 플라이 수와 층간 기공함량간의 관계〉

이 문제는 매 3-4 플라이를 적용한 후에 적층물을 부피 줄이기(debulking)를 통하여 극복할 수 있다. 즉 진공백을 쉬우고 온도를 약 40도까지 올려서 수행한다. 하지만, 이 방법은 숫자가 많고 최소의 비용으로 제조해야 하는 제품의 경우에는 아주 비싸고 시간이 소모되는 방안이다. 그러므로, 프리프레그의 근접 층(layer)사이에 존재하는 플라이간의 공기를 제거하는 이슈를 극복하기 위하여 SPRINT® 재료가 개발되었다.

SPRINT®는 섬유와 수지가 결합되는 방법면에서 기존의 프리프레그와 다르다. 기존의 프리프레그는 수지에 완전히 함침이 된다. 하지만 SPRINT®는 섬유를 가능하면 젖지 않은 상태로 유지하고 특히 바깥쪽 표면은 더욱 그렇게 한다. 는 여러 형태로 제품이 나오지만 대부분은 양면형("double sided" : 필름형 수지(수지필름)에 두 면이 젖지 않는 직물을 둔 것) 혹은 단면형("single sided" : 수지필름에 한쪽면만 마른 직물을 둔 것)이다.

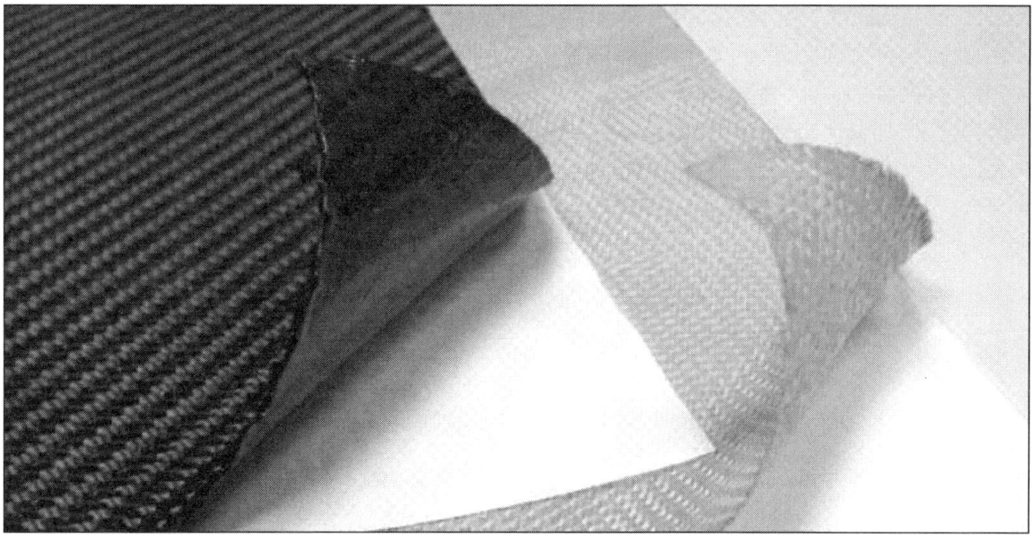

Single-sided SPRINT®

〈그림3.23 단면 SPRINT®〉

3.5.2 SPRINT®의 개념 : The SPRINT® Concept

SPRINT®는 인퓨젼과 프리프레그 기술의 장점을 결합한 제품그룹을 말한다. 인퓨젼공정은 매우 두껍고 고품질 적층품을 1회 작업을 통하여 제조할 수 있는 방법이다. 하지만 수지가 상당한 거리를 움직여야 하기 때문에 대형구조물에 대해서는 공정의 변화가 심한 것이 문제이다. 프리프레그는 고성능 수지를 사용하여 정확하게 섬유를 배열하게 해주고, 최종 제품에 정확한 수지함량을 제공하지만 두꺼운 적층물에 있는 기포를 제거하는 능력에 한계가 있다. SPRINT®는 SP Resin INfusion Technology의 약자를 나타내는데, 우수한 프리프레그 수지 기술을 사용하여 적층구조물에 인퓨젼하기 때문이다.

수지가 보강재료속으로 공급될 때 인퓨전 공정은 z-좌표방향(역자㈜: 몰드 표면에 수직한, 즉, 두께방향)으로 이루어져서 대형 구조물에 거의 순간적으로 인퓨전(수지주입)이 발생한다. 인퓨전은 적층물에 직접 연결되어 진공을 적용함으로써 쉽게 된다. 진공은 보강직물로부터 공기를 빼내고 모든 SPRINT® 플라이가 적절하게 상호간에 잘 연결되었는지 보증되도록 주의가 필요하다. 적층물더미에서 많은 양의 공기를 제거함과 동시에 온도를 올려 수지가 흐르게 하고 보강섬유에 수지를 인퓨젼한다.

3.5.3 SPRINT® 제조 : SPRINT® Manufacture

SPRINT®의 제조는 전통적인 프리프레그와 같이 동일한 building block을 사용한다: 즉, 그 구성요소(building block)란 잠재 촉매를 가진 고성능 수지, 강화 직물, 종이 carrier(역자㈜: backer 혹은 release paper), PE 보호필름 등이다. 기존의 프리프레그와 SPRINT®사이의 근본적인 차이는 SPRINT®제품은 함침공정을 거치지 않는다는 것이다. 수지필름과 직물은 작은양의 접촉압력을 사용하여 함께 결합되는데 직물이 최소한으로 젖도록(wet-out) 보증해야 한다.

3.5.4 SPRINT® 특성 : SPRINT® Characteristics

SPRINT®재료는 같은 기본적인 building block을 이용하기 때문에 SPRINT®의 많은 특징들은 프리프레그와 특징과 비교가 가능하다. 하지만 섬유가 함침되지 않기 때문에 보관과 취급에서 두 재료사이에는 상당한 차이점이 있다.

3.5.4.1 형상적응성 : Drape

SPRINT®형태는 프리프레그에 비교하여 drape 능력(몰드 형상을 따라 적응하는 능력. 정의는 이미 Prepreg Characteristics 세션에서 했음)이 매우 증가한다. 이것은 수지와 섬유간의 상호작용이 수지와 직물사이의 계면으로 제한되기 때문이다. 적응력의 증진은 몰드표면에 향상된 순응성을 보이고 브릿징(bridging)같은 결함을 줄여준다.

3.5.4.2 끈적임 : Tack

주요 SPRINT®에서 제품들은 끈적임이 없다(no tack). 왜냐하면 수지가 3겹의 샌드위치의 가운데층에 숨겨져 있기 때문이다. 하지만 낮은 면적당 무게를 가진 직물에서는 수지가 스며들어 적은양의 끈적임을 갖게 하는 틈새가 존재하기도 한다. 하지만 SPRINT®의 성능이나 기능에 영향을 미치지는 않는다. 왜냐하면 직물은 여전히 건조한 상태라서 공기와 연결되어 있고 향후 공정에서 공기를 제거할 수 있기 때문이다. 어떤 곳에 SPRINT®를 적용할 때, 약간 정도의 끈적임이 바람직하고 그런 경우에 경량의 tack필름을 SPRINT®의 표면에 바른다.

Single sided SPRINT®제품(직물 한층, 필름 한층)의 경우에 수지층이 표면에 나타나기 때문에 취급과 적층을 용이하게 하기 위하여 주의하여 제조되야 한다.

3.5.4.3 유동 : Flow

유동은 SPRINT®재료의 아주 중요한 특성이다. 왜냐하면 의 공기유통(air breathing)기능은 특히 상온에서 수지의 유동특성에 직접적으로 영향을 받기 때문이다. 상온에서의 유동과 관련사항은 아래의 "SPRINT® Life" 특성에서 정의될 것이다.

일단 재료가 인퓨젼되면 일반적으로 30-50도에서 수지의 유동특성은 프리프레그의 유동특성과 매우 유사하다.

3.5.4.4 SPRINT® 수명 : SPRINT®-Life

SPRINT®제품의 기능성은 직물내의 건조한 섬유로부터 나온다. 따라서 직물이 공정에 들어가기 전에 건조상태로 유지되야 요구되는 고품질의 적층물을 얻을 수 있다는 사항이 매우 중요하다. 표준 프리프레그 수지는 상온에서 적은 양의 유동에 저항하도록 설계되지는 않는다. 따라서 SPRINT®수지는 섬유의 젖음이 일어나지 않도록 수정된다. 하지만 상온에서 조차 SPRINT®재료는 롤내부에서 SPRINT®의 각층에 작용되는 압력 때문에 젖음이 시작될 것이다. 따라서 SPRINT®재료의 장기간 보관을 위해서는 저온 수송 및 저장이 요구된다. 왜냐하면 주위 조건과 제품형상과 연관이 있겠지만 상온에서 SPRINT®-수명은 5~28일 정도로 변화한다.

3.5.4.5 폐기 수명 : Out-life

SPRINT®수지시스템은 프리프레그에서 사용된 수지에 적용한 것과 비슷하게 촉매제를 적용한다. 따라서 의 폐기수명(out-life)은 프리프레그의 경우와 같다.

3.5.5 SPRINT® 공정 : SPRINT® Processing

SPRINT®는 고품질의 대형 부품을 오토클레이브없이 제조할 수 있도록 특별히 개발되었다. SPRINT®제품은 프리프레그와 인퓨젼 기술을 결합하여 사용하고 있기 때문에 이미 암시적으로 알 수 있는 바와 같이 제조공정은 인퓨젼과 프리프레그로부터 그 기술을 사용하고 있다.

제품이 필름 인퓨젼 단계를 겪기 때문에 고품질의 진공시스템이 요구된다. SPRINT®수지는 인퓨젼 수지보다 상당히 높은 점도를 가지게 되고 따라서 진공누출에 훨씬 더 견딜 수 있다(역자 주: 도달한 진공이 잘 새지 않는다). 하지만 최적의 부품의 질을 보증하기 위하여 공구(몰드를 비롯한 제품 제조를 위한 진공시스템 등)의 진공충실도가 매우 중요하다.(INFUSION: Vacuum Stack and Tooling Requirements 참조)

일단 SPRINT®가 인퓨젼되면 공정은 진공경화 프리프레그와 같은 과정을 따르게 된다. 유일하게 확실한 차이는 SPRINT®진공적층물은 구멍 이형필름을 사용하지 않아서 브리더(breather)로 수지유동이 없다는 점이다. 이렇게 하면 진공소모품을 재사용할 수 있고, 수지 쓰레기가 발생하지 않는다는 추가적인 혜택이 있다.

3.5.5.1 SPRINT® 적층 : SPRINT® Lay-up

SPRINT®제품은 저온에서 운송과 저장이 이루어져 폐기수명과 SPRINT®-life를 보존한다. 따라서 제품에 적용하기 전에 SPRINT®롤은 전체롤이 상온으로 돌아 가도록 컨디셔닝 과정을 거쳐야 한다. 수분 응축이 재료를 오염시킬 수 있기 때문에 보호포장을 한 후에 컨디셔닝을 해야 한다. 일단 SPRINT®재료가 상온에 다다르면 이미 정의된 시간내에 사용될 필요가 있다. 즉 롤내부의 직물이 젖기 시작하여 공기유통 기능을 잃어버리기 전에 사용되야 한다.

SPRINT®재료는 적절한 곳에 맞는 형태로 절단하는데 보호 backer를 그대로 둔 채로 그렇게 한다. SPRINT®는 또한 두꺼운 콘 형태의 부품에 와인딩법을 이용한 응용에도 사용된다.

SPRINT®가 몰드나 맨드렐에 적용될 때 각 플라이 사이와 진공 매니폴더에 이르는 공기 통로가 요구된다. 이러한 공기 통로의 연결은 적층물의 모든 층에서 유지되는 것은 필수적이다. 왜냐하면 공기 포켓이 최종 부품에 갇히지 않도록 보장하기 위한 것이다.

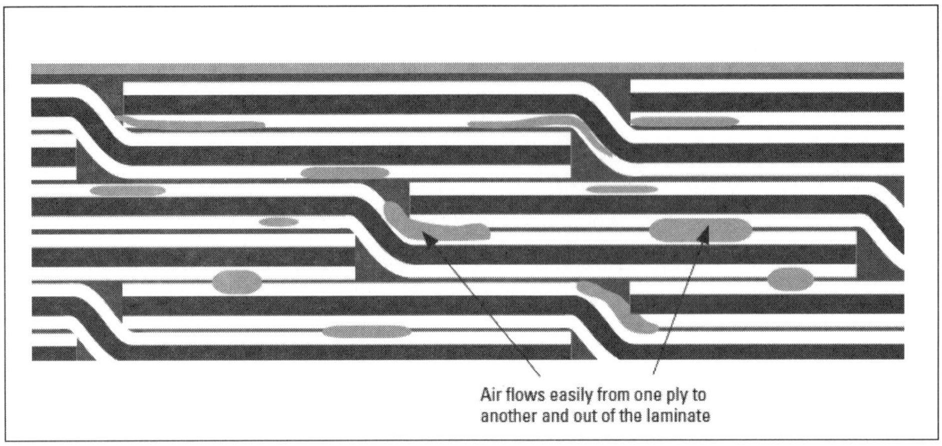

Air paths in a SPRINT® Laminate

〈그림3.24 SPRINT® 적층물의 공기흐름 path〉

3.5.5.2 진공적층 : The Vacuum Stack

SPRINT®의 적층이 완료되면 나일론 필플라이(peel ply)를 즉시 적층물의 전표면에 걸쳐서 오염을 막는다. 필플라이는 적층물로부터 진공 매니폴더까지 공기 통로연결 역할을 부여하도록 사용되는 것이다.

프리프레그와는 달리 구멍 이형필름은 SPRINT®제품에서는 필요하지 않다. 구멍이 없는 필름은 수지가 브리더나 진공 채널속으로 흐르지 않는 것을 확인하기 위하여 사용된다. 이것은 진공분포 시스템의 재사용을 가능케하여 많은 부품의 비용과 폐기물을 감소시키는 혜택을 가진다.

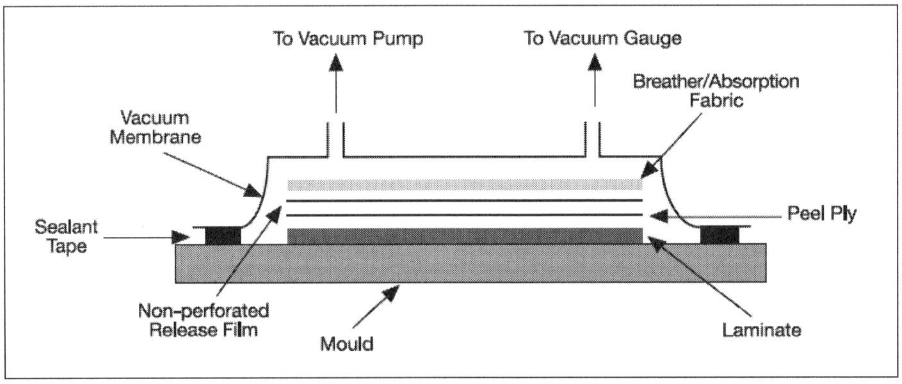

〈그림3.25 프리프레그 적층개념〉

부품의 전 표면에 걸쳐 진공분포를 주기 위하여 폴리에스터 브리더가 이형필름 위에 적용된다. 일단 SPRINT®직물이 인퓨젼되고 수지가 경화될 때까지 부품의 형상이 유지되면, 진공하에서 브리더는 적층물을 강화하기 위하여 압력을 준다.

진공 적층물의 최종 층은 진공백인데, 이것은 전 제품 적층물과 진공적층물을 덮는다. 진공백은 온도에 견딜 수 있는 점성있는 테이프(sealant: 역자주)로 몰드 둘레를 따라 부착한다. 이 실란트는 경화공정 과정에 높아진 온도에서 공기누출을 막아준다.

3.5.5.3 진공적용의 경화 : Vacuum Application and Component Curing

적층과 진공관련 적층 공정이 끝나면 부품으로부터 공기를 제거하기 위하여 진공을 적용한다. SPRINT®재료는 무수한 공기채널을 제공하기 때문에 강화를 위한 압력은 모든 플라이에서 걸리게 된다(프리프레그의 경우 강화는 바깥표면에 있는 브리더를 통해서만 된다). 시스템의 진공충실도는 프리프레그 공정의 경우에 더욱 중요(critical)하다. 하지만 인퓨전 공정에서만큼 critical하지는 않다. 왜냐하면 수지 점도가 훨씬 높고 공기 투과에 대한 저항성이 크기 때문이다. 하지만 최소 85%의 진공압력이 여전히 필요한데 고품질의 부품을 위한 적층물의 충분한 압착(consolidation)과 50mbar/min보다 낮은 누출 속도 유지를 보증하기 위한 것이다.

SPRINT®재료와 브리더 재료사이의 공기를 효과적으로 제거하는 것을 확실히 하기 위하여 앞의 두가지 재료사이의 공기층의 연결을 고려하는 것도 중요하다. 이것은 보통 아주 단순하지만 때로는 SPRINT®재료가 프리프레그와 동시경화를 할 때 SPRINT®재료가 고립되지 않도록 주의해야 한다.

SPRINT®수지 시스템은 프리프레그에 수지가 사용되는 비슷한 방법으로 촉매가 작용하기 때문에 SPRINT®의 경화거동과 요구사항은 프리프레그의 그것들과 같다.

3.6 프리프레그/SPRINT® 블레이드 재료 - Prepreg/SPRINT® Blade Manufacture

프리프레그 기술을 이용한 블레이드의 제조공정은 잘 정립되어 있다. 인퓨젼과 프리프레그 재료 사이에는 근본적인 차이가 있기 때문에 프리프레그에 대해서는 다른 제조방법을 사용하게 된다. 프리프레그와 SPRINT®재료는 자동화에 적합하고 결과로 제조 공정이 이러한 혜택을 최대화하기 위하여 발전되어 왔다. 그 결과물로 구조용 박스형 스파부품과 비구조용 쉘을 사용하는 블레이드 설계로 이어졌다.

3.6.1 구조 스파 : Structural Spar

구조형 스파 부품은 숫 맨드렐 이는 분리형 암 몰드에서 제조될 수 있는데 그 스파 부품은 순차적으로 쉘사이에 삽입되기 전에 함께 접착된다. 두 가지 방법은 두 스파캡을 요구하는데 스파캡은 두 전단웹으로 연결된다.

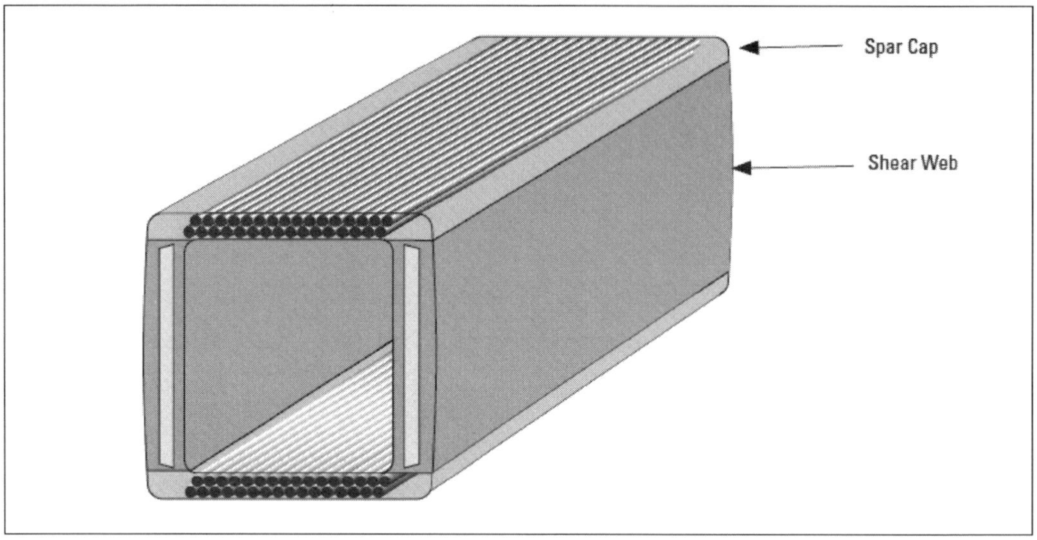

Structural Box Spar

〈그림3.26 구조박스 스파〉

숫 맨드렐이 사용되는 곳에는 고도의 자동화설비가 사용되어 2축 재료가 감겨서 전단웹을 만들게 된다. 2축 재료는 스파캡에 연속 일방향 프리프레그 재료로 끼워져 있어 하중이, 블레이드가 작동할 때, 두 스파캡 사이로 전달되는 것을 보증한다. 이축재료에 더하여 폼 인서트(삽입물)가 전단웹에 포함되어 요구되는 두께와 좌굴 안정성을 제공하게 된다.

맨드렐에 재료를 적용하면 올바른 섬유의 배치와 배열을 확실하게 한다. 적층물내의 공기는 경화공정의 초기 단계 동안이나 그 전에 효과적으로 제거되야 한다. 공기 제거를 가능하게 하기 위하여 적층물은 유의깊에 설계되어 가용한 공기통로가 만들어지는지 낮은 기공함유율이 스파의 모든 부분에서 얻어지느지를 확인해야 한다. 블레이드 크기가 증가함에 따라 공기의 제거는 더욱 중요(critical)하게 되고 결과적으로 SPRINT®biax와 같은 특수화된 재료가 적용되게 되었다.

부품에 진공이 적용된 후에 경화 공정이 시작되고 온도를 상승시키고 초기 정지(dwell) 조건으로 간다. 최초 정지상태는 SPRINT®재료가 함침되고 적층물로부터 갇힌 공기를 제거하는데 사용된다. 온도는 그리고 나서 상승되고 2차 정지온도로 가서 수지내의 경화 메커니즘을 활성화시킨다. 그리고 두꺼운 적층부위에서 높은 온도의 발열을 제어한다. 최대 발열온도에 다다르면 부품은 수지반응을 완성하는데 요구되는 짧은 시간동안 높은 온도에서 안전하게 경화된다.

3.6.2 루트 조인트 : Root Joint

루트 연결부는 블레이드의 중요(critical) 부품이다. 왜냐하면 그것이 블레이드로부터 터빈으로 가는 모든 하중을 전달하기 때문이다. 따라서 루트 설계와 제조 공정은 가끔 스파로부터 분리되어 분리된 부품을 만든다. 그런 후에 순차적으로 스파제조 공정도중에 블레이드로 통합된다. 주 구조 스파로부터 루트부위의 분리는 제조상의 위험성을 저감시키고 고가의 스파 제품과 통합되기 전에 루트의 전부위의 품질검사를 가능하게 하기 때문이다.

루트 연결부는 루터 적층물에 접착제나 기계적 결합(T-bolt)이 되어야하는 금속 나사봉(stud)를 사용하여 터빈 로터의 허브에 부착된다. 볼트와 국부 응력을 수용하기 위하여 적층물은 상당한 두께가 되야 하고 그 두께는 대형 블레이드의 경우 약 100mm에 이른다. 적층물은 이 부분에서는 고품질이어야 하는데, 결함은 루트 연결부에서의 조기 파손과 최종적으로 블레이드의 갑작스런(catastropic) 손상을 가져 온다.

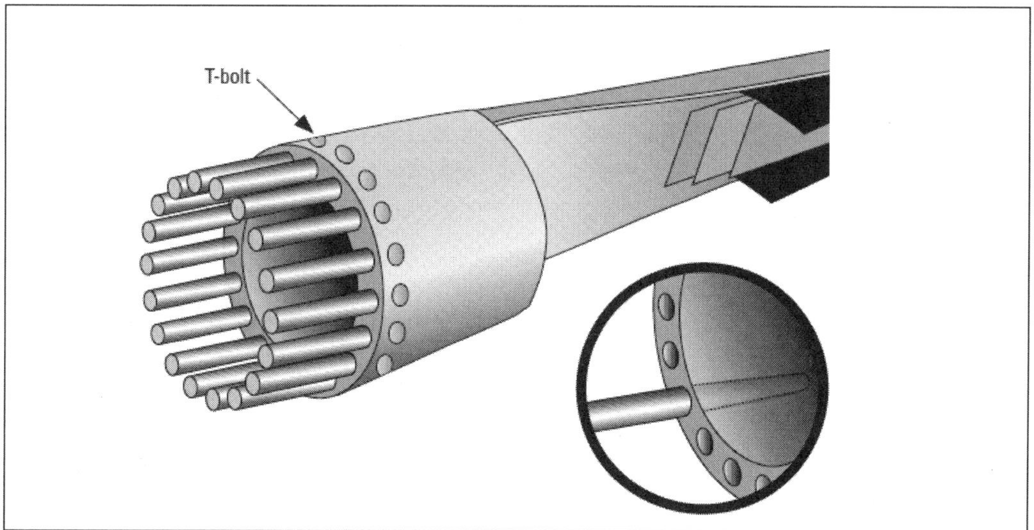

〈그림3.27 루트 연결부 및 T-볼트〉

고품질의 두꺼운 복합재 적층물에 대한 요구는 기존의 프리프레그가 공기유동 특성이 좋지 않기 때문에 프리프레그 공정에 어려운 도전을 부과한다. 그래서 결과적으로 SPRINT®재료는 이러한 응용에 더 적합하다. 적층물의 두께는 다음과 같은 요구를 하게 된다. 빠른 재료적층 속도가 요구되고 신속한 자동화 와인딩 기술이 루트 부품을 제조하는데 도입된다.

3.6.3 블레이드 쉘 : Blade Shells

구조용 스파 설계에 있어서는 쉘의 주요 역할은 공기역학적 하중을 쉘에서 스파로 전달하는 것이다. 따라서 쉘은 3-방향과 2-방향 유리섬유 프리프레그나 SPRINT®를 사용하여 샌드위치 구조로 설계되야 한다. 쉘 적층판 표면은 블레이드의 공기역학적 단면을 제공한다. 이 표면은 겔코트나 페인트의 형태로 미학적으로도 적절한 표면코팅을 사용하여 유지되야 한다. 페인트 적용을 위한 적절한 표면을 준비하거나 몰드내 겔코트의 사용은 쉘제조에서 추가적인 기술적 난관을 가져다 줄 수 있다.

프리프레그나 SPRINT®로 된 쉘의 제조에서 첫째 단계는 겔코트나 프라이머를 몰드 표면에 바르는 것이다. 코팅은 경화수준에 이르도록 하는데 적층작업자가 코팅 표면에서 걸으면서 첫 프리프레그 layer를 적용할 수 있는 정도이다. 코팅과 프리프레그 사이의 접합면은 조심스럽게 제어되어 최적의 접합이 얻어지도록 보증되야 하고 많은 수의 전문화된 제품이 이런 목적으로 개발되었다.

쉘 몰드에 재료를 신속한 적층을 위하여 프리프레그가 다른 공정에서 키트로 잘라진다. 그 키트는 적층이 쉽도록 하고 낭비가 최소화하도록 설계된다. 같은 방법이 구조용 폼에도 적용되는데 여기에 사용되는 블레이드 폼 키트는 몰드에 직접 적용을 위하여 미리 준비되어 공급된다. 최종 layer 프리프레그가 진공용 적층물을 만들기 전에 폼의 표면위에 적용된다.

적절한 온도 유지방법이 사용되지 않으면, 비록 쉘 적층복합재가 스파나 루트접합부의 단면보다 얇지만 경화중의 발열은 여전히 문제가 된다. 중간의 온도유지는 폼의 가스발생을 감소시킨다. 이때 발생되는 가스는 코어와 적층스킨 사이에 대형 결함을 발생시킨다. 수지유동은 쉘 제조에서 보다 중요(critical)하다. 왜냐하면 겔코트나 프라이머와의 접합이 고려되야 하기 때문이다. 유동은 경화공정에 의하여 영향을 받을 수 있기 때문에 프리프레그 수지의 우수한 젖음성이 얻어지는 것을 보증하도록 적절한 경화사이클이 선정된다.

3.7 프리프레그 블레이드의 접합 - Bonding of Prepreg Blades

블레이드를 마무리(페인팅)하기 전에 제조공정의 최종단계는 두 구조 쉘과 구조 스파의 접합이다. 이러한 특정의 구조설계에 대하여 접착제에 있는 하중은 구조쉘/전단웹 배열에서 관찰된 하중보다 훨씬 낮다. 이것은 저성능이며 저렴한 접착제를 사용할 수 있게 한다. 접착공정은 전단웹 설계의 경우에서 보다 덜 복잡하다. 왜냐하면 쉘과 스파는 지그를 사용하지 않고 1회 작업으로 접착될 수 있기 때문이다.

3.8 프리프레그 VS 인퓨젼 - Prepreg vs Infusion

프리프레그와 인퓨젼 공정은 모두 풍력터빈 블레이드 제조에서 폭 넓게 사용된다. 두 공정 모두 장점과 제한사항이 있다. 프리프레그가 더 높은 비용이 드는 것으로 인지되고 있다. 그 고 비용은 높은 재료비, 고온용 tooling, 보다 많은 환경조절 과 저장조건 등이다. 하지만 프리프레그는 다음과 같은 사항에서 유리하다. 그 사항들은 공정의 신뢰성과 반복성, 높은 수준의 자동화, 높은 기계적 성능, 탄소섬유의 사용가능성 등이다. 탄소섬유의 인퓨젼은 매우 어렵다.

프리프레그 재료의 높은 기계적 성능은 보다 가벼운 블레이드의 설계를 가능하게 하지만 그 혜택은 전체 풍력터빈에 대한 통합설계 접근이 뒤 따른다면 그에 따른 혜택이 실현될 것이다. 블레이드 크기가 증가함에 따라 무게 역시 보다 중요한 인자가 된다. 프리프레그가 인퓨젼보다 활성화 되는 점은 아직 잘 정의되지 않고 있다.

프리프레그와 인퓨젼 기술의 상대적 장점들은 나중의 chapter에서 제시된다. 35m 블레이드의 파라메터 연구가 이루어졌다. 그 연구에서는 끝부분이 굽어진 박스 스파 설계가 고려되었다. 블레이드 비용은 재료, 직접 노무비, 몰드 사용, 간접노무비, tooling 비용, 감가상각, 공정 CAPEX를 고려하여 연구되었다. 결과는 표준 재정비율(financial ratio)를 사용하여 분석되었고 이들 두 기술의 경제적 개요(overview)를 제공한다.

PART

풍력터빈 블레이드용 Gurit사 재료: Gurit Materials for Wind Turbine Blades

4

4.1 개요 - Introduction

Gurit사는 1995년 이래 복합재 블레이드 제조를 위해서 풍력에너지 시장에 재료를 공급해 왔고 블레이드설계가 크기와 복잡성면에서 급격하게 증가해 왔기 때문에 특화된 블레이드 재료 개발에 적극적으로 참여해 왔다. Gurit사는 습식 적층법, 수지 인퓨젼, 프리프레그를 포함한 현재의 모든 제조방법을 포함하는 제품 포트폴리오를 지니고 있다. 대형 블레이드의 출현과 건강 및 안전에 대한 관심이 증가하면서 대부분의 블레이드는 지금 수지 인퓨젼이나 프리프레그 공정중의 한 가지로 제조된다. 따라서 Gurit사는 습식 적층용 수지를 제조하는 동시에 개발의 초점은 프리프레그와 인퓨젼 기술과 관련 제품을 개발에 두고 있다.

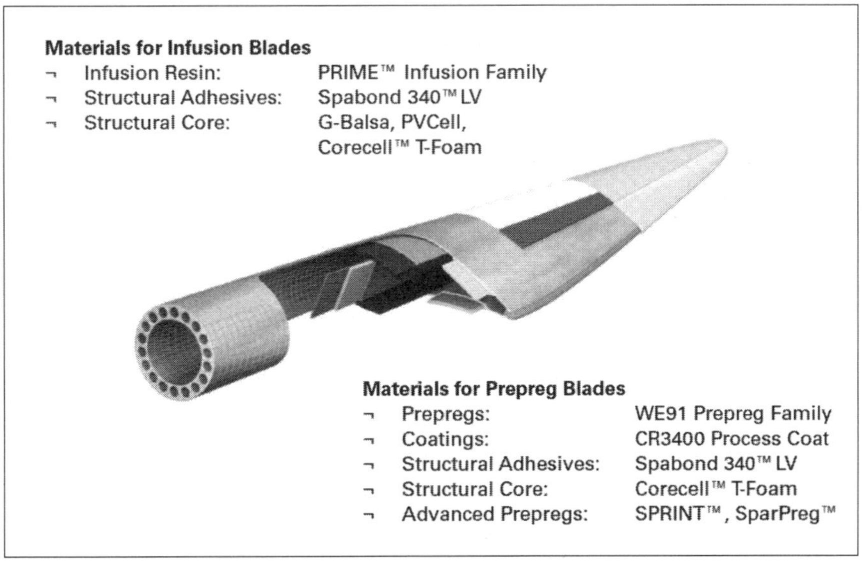

〈그림4.1 Gurit사 소재와 포트폴리오〉

Gurit사의 개발 철학은 블레이드의 비용을 저감하는 전체적인 목적에 기반을 두고 있다. 따라서 고성능 재료와 구조 설계를 사용하여 블레이드 제조 공정의 일부를 제거하거나 공정을 가능하면 효과적으로 만들어서 풍력에너지의 에너지비용(COE, Cost of Energy)을 저감하고자 한다. COE는 풍력발전기(WTG, Wind Turbine Generator)의 전주기에 걸쳐 계산되고 터빈 블레이드 품질의 비용도 또한 중요한 파라메터이다. 그 결과로 Gurit사 재료들은 뛰어난 품질로써 강건하고 일관성있는 블레이드 제조공정을 제공하기 위하여 개발된다.

블레이드 설계가 더 정교해지기 때문에 재료명세서(BOM, bill of materials)에 규정되는 재료(제품)의 수는 증가하고 있다. 풍력산업이 COE를 저감하는 방향으로 가고 있기 때문에 과도한 스펙을 가진 재료를 기술적으로 골라내어 그 재료를 목적에 맞는 비용적으로 효율적인 대체재료를 찾아내는데 보다 중점을 둔다. 이렇게 하여 보다 특정한 재료 특성과 적절한 비용을 가지는 재료의 틈새 응용처를 찾아내고 있다.
이러한 시장의 경향에 대응하여 Gurit사는 풍력에너지 시장에서 복합재료의 선두 공급자로써 위치를 유지하기 위하여 당사의 재료계열을 정의하고, 개발하고, 확장하는데 재료와 엔지니어링 노하우를 사용하고 있다.

성숙하고 있는 풍력에너지 시장은 공정의 변동성을 감소시키고, 따라서 더 나아가서 COE를 저감하기 위하여 6시그마 표준 쪽으로 제품품질에 대한 수요를 몰고 가고 있다. 항공우주와 자동차 시장의 공급자로써 Gurit사는 CTQ requirement(critical to quality,핵심품질요소 요구사항)를 통하여 고객의 수요를 이해하는데 그 중요성을 이해하고 있으며, Gurit사는 일관성있는 제품을 공급하기 위하여 엄격한 품질검사가 이루어지도록 함으로서 제품을 설계하고, 제조하고, 공급한다.

복합재 구조물은 다른 재료의 혼합물이다. 따라서, 고품질의 부품을 생산하기 위하여 공정중에 재료간의 성질과 상호작용을 잘 이해해야 한다. Gurit사는 인퓨젼과 프리프레그 블레이드의 제조를 위한 전체 제품 포트폴리오를 제공한다. 결과적으로 Gurit사는 블레이드 재료설계와 제조의 복잡성을 이해할 수 있도록 잘 준비되어 있다. 풍력 매뉴얼의 이 절은 인퓨젼과 프리프레그 블레이드 제조에 대한 Gurit사 제품군에서 몇 제품의 일부를 훑어보고 재료의 관련 기술적 특징을 강조한다.

4.2 인퓨전 공정 블레이드용 재료 - Materials for Infusion Blades

인퓨젼 블레이드에 대한 BOM에 있는 4가지 주요 구성품은 미함침 직물, 인퓨젼 수지, 코어 재료, 구조용 접착제이다. 섬유제조와 섬유를 맞춤형 직물로의 변환은 Gurit사의 사업 전략의 일부가 아니므로 여기서는 더 이상 설명하지 않는다. 나머지 세 가지 재료 카테고리는 Gurit사에게는 모든 전문영역이다. 이 영역은 Gurit사가 상당한 개발활동을 강조한 분야로 시장을 주도하는 성능을 지닌 제품군을 제공하고 있다. 세 범주에서 Gurit사로부터 제공되는 제품은 아래와 같다.

- 인퓨전 수지 계열: PRIME™ Infusion Family
- 구조용 접착제: Spabond 340™LV
- 코어: G-Balsa, PVCell & Corecell™ T-Foam

4.2.1 인퓨젼용 수지: Infusion Resin

수지시스템이 인퓨젼 공정에 적절한지에 대한 결정은 부품크기, 주위조건, 보강재, 열적 및 기계적 물성과 블레이드 인증을 포함한 제조공정의 많은 다른 측면에서 조심스런 고찰이 필요하다. 제조공정에 대한 미래 최적화는 고려되어야 한다: 몰드 활용과 사이클 시간은 비용 저감에 가장 중요하다. 이것을 달성하기 위하여 계속하여 향상된 공정에 맞출 수 있는 일련의 속도를 제공하는 확실한(robust) 인퓨젼 수지는 필수적이다.

공정 최적화를 통하여 비용을 저감할 필요성을 인식하여 Gurit사는 PRIME™이라는 인퓨젼 수지로 다양성있는 시스템을 제공한다. PRIME™은 우수한 특성과 실질적으로 어떤 제조공정에도 맞출 수 있는 광범위한 경화제를 가진다.

4.2.2 PRIME™ 인퓨젼 수지계열: PRIME™ Infusion Resin Family

-아주 낮은 점도 – 인퓨젼 시간과 블레이드 제조시간의 최소화
-다양한 인퓨젼 시간 – 어떤 공정에도 맞는 여러 가지 다른 속도를 가진 경화제 종류들
-두꺼운 부위에도 아주 낮은 발열 – 몰드 수명을 연장
-대형 구조물 인퓨젼에 적절 – 고온의 기후에도 적용가능
-GL(Germanische Lloyd)의 인증을 획득

4.2.3 PRIME™ 수지로써 인퓨젼: Infusing with PRIME™ Infusion Resin

PRIME™ 인퓨젼 수지는 저감된 점도수지와 긴 작업시간을 가지고 있고, 이는 1회성 작업에서 복잡한 보강재로된 대형 부품을 인퓨젼하기에 이상적이다. 이 수지는 극히 낮은 발열특성을 유지하고 발열반응의 열 때문에 조기 겔화의 위험성이 없이 두꺼운 부위를 제조하는 것을 허용한다. 낮은 발열은 열적 사이클이 저감되어 tool의 수명을 연장하는데 도움을 주게 된다. PRIME™ 인퓨젼 수지는 좁은 탄소섬유 요트마스트로 부터 80피트에 이르는 요트 헐(hull)과 풍력블레이드 등 까지 부품의 1회성 몰드작업에 성공적으로 사용되었다. PRIME™ 인퓨젼 수지는 중간 온도에서의(50℃) 후경화로부터 우수한 기계적 및 물리적 물성을 얻을 수 있고, 수적층과 저온 경화 프리프레그 공법사이의 최종 복합재 적층물 특성을 제공한다.

PRIME™ 인퓨젼 수지는 일정 범위의 경화제와 함께 활용이 가능한데, 이 시스템은 일정 범위의 작업시간과 경화속도를 제공하여 광범위한 부품을 제조할 수 있는 융통성(versatility)을 제공한다. 경화속도는 겔시간과 가사시간(pot life)과 같은 다양한 기술로 결정될 수 있다. Gurit사의 표준 경화제군에 대한 이런 특성은 아래 테이블에 요약되었다. 수지가 진공하에서 유동을 중지하는 시간, 진공이 제거되는 최소시간, 다양한 온도에서 탈형이 발생하는 최소시

간 등에 대한 예측사항이 주어진다. 하지만 이런 예측은 발열 거동이 없이 비교적 얇은 적층판에만 적용된다는 것을 알아야 한다.

〈표4.1 PRIME™ 인퓨젼 물성〉

* 저속 경화제로 만들어진 부품의 탈형은 부품이 몰드에서 승온 경화를 거친 후에 해야 한다.

Properties	Fast Hardener			Slow Hardener			Extra Slow Hardener		
	20°C	25°C	30°C	20°C	25°C	30°C	20°C	25°C	30°C
Initial MixedViscosity (cP)	318-338	219-232	127-134	308-328	214-228	172-182	347-369	220-234	155-165
Geltime – Tecam 150g in water (hr : min)	01:09	00:30	00:17	05:00	03:20	02:20	10:20	08:00	06:15
Pot life 500g in air (hr : min)	00:28	00:23	00:16	01:15	01:00	00:45	06:00	04:05	02:10
Latest flow under vacuum (theoretical, thin film, hr : min)	03:10	02:40	01:50	05:20	04:50	04:10	10:50	08:50	06:40
Earliest vacuum offtime (theoretical thin film) (hr : min)	04:15	03:20	02:15	07:30	06:30	05:50	15:10	11:30	08:50
Demould time (hr : min)	06:45	05:00	02:30	21:00*	15:30*	11:50*	88:00*	50:00*	28:00*

최근에 높은 기후에서 대형 블레이드를 인퓨젼하는 움직임이 있어왔다. 이 점을 다루기 위해서는 Gurit사는 열적 및 기계적 물성을 유지하면서 10시간 넘는 예외적으로 긴 작업시간(pot-life)을 얻을 수 있도록 풍력에너지 시장을 위하여 두 가지 추가적인 경화제를 개발했다.

4.2.4 기지재료의 성능: Matrix Performance

경화된 PRIME™ 수지는 사용된 경화제의 속도와는 관계없이 우수한 기계적 및 열적 물성을 제공하도록 조제되었다. 아래 페이지의 테이블은 경화제의 경화속도에 대한 핵심 물성을 요약한다.

〈표4.2 PRIME™ 인퓨젼의 기계적 및 물리적 물성〉

Hardener	Fast	Slow	Extra Slow
Cure Schedule	16hrs @ 50°C		
Tg (DMTA - peak tan δ)	82.8	82.6	82.9
TgUlt (DMTA)	74-76	87-89	90-92
Tg1 (DMTA)	68-70	68-70	69-71
ΔH - DSC (J/g)	1.54	7.3	0
Estimated HDT	67	68	67
Tensile Strength (MPa)	75	73	69
Tensile Modulus (GPa)	3.2	3.5	3.5
Strain to failure %	4.1	3.5	3.1
Cured density (g/cm3)	1.153	1.144	1.132
Linear Shrinkage (%)	1.83	1.765	1.541
Barcol Hardness	21	27	25

인퓨전 공정의 일부로서, 고도로 정교하게 혼합을 할 수 있는 2 액형(2 component) 혼합기계를 사용하는 것이 일반적이다. 예폭시 수지계열 인퓨전 시스템의 경우에는 ±1 part 이하의 정확도가 필요하다. 하지만 가끔 수리나 적은 양의 수지가 필요한 응용분야에는 손이나 드릴로 혼합할 때가 있다. 그러므로 인퓨전 시스템은 혼합비율이 매우 엄격하다는 것을 알 필요가 있다. 빠른(fast) 경화제를 사용하는 PRIME™ 인퓨전 시스템의 기계적 성능은 2 parts(고객의 요구사항에 따름)까지 혼합비율이 달라져도 유지된다.

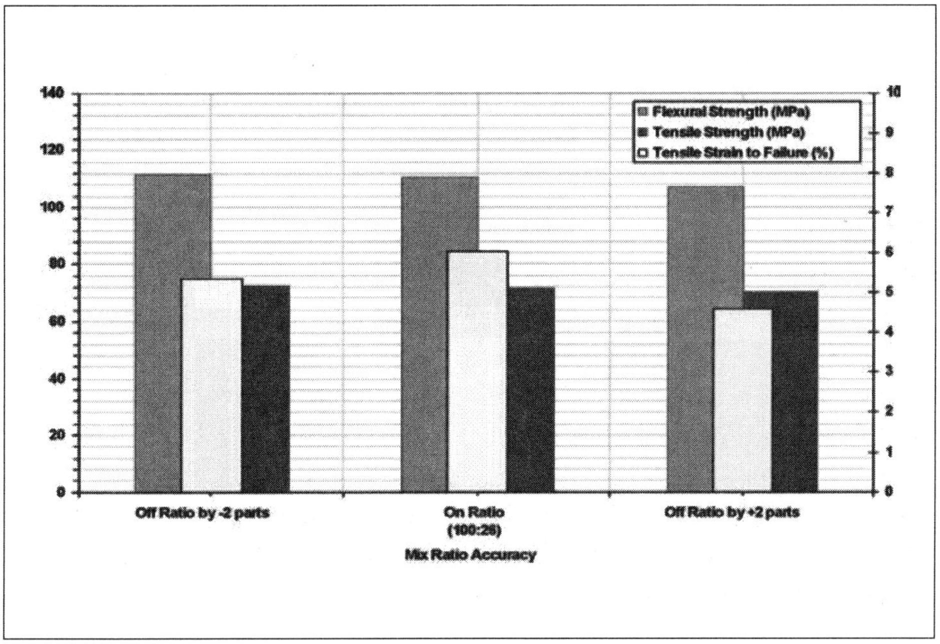

〈그림4.2 기계적 물성에 대한 혼합비의 영향〉

PRIME™ 인퓨전 시스템은 아래 테이블에 보이는 것과 같이 매우 우수한 적층판 특성을 주고, 이 적층판은 PRIME 인퓨전 시스템과 재봉된(stitched) UD 직물을 사용하여 제조된 5mm 두께 UD 적층판이다.

〈표4.3 PRIME™ 인퓨전 적층판 물성〉

Property	Test Standard	PRIME™ Infusion Resin
Normalised Tensile Strength @ 53% FVF (MPa)	DIN EN ISO 527	990
Normalised Tensile Modulus @ 53% FVF (GPa)	DIN EN ISO 527	43.7
Normalised Compression Strength @ 53% FVF (MPa)	DIN EN ISO 14126	645
Normalised Compression Modulus @ 53% FVF (GPa)	DIN EN ISO 14126	42.7
ILSS (MPa)	DIN EN ISO 14129	68.0

4.2.5 구조용 코어: Structural Core

풍력에너지 시장은 성숙했기 때문에 블레이드 설계의 최적화는 블레이드의 길이와 무게가 증가함에 따라 중요하게 되었다. 결과로 한 종류의 코어가 모든 제조방법에 맞는다는 것은 현대 풍력터빈 블레이드에는 더 이상 맞지 않다. 구조용 코어는 표준 인퓨젼 블레이드 설계용 구조쉘과 전단웹 모두에 사용된다. 구조용 쉘에 대한 재료의 요구사항은 쉘에서 전단웹까지 다양하고 쉘의 한쪽 면적에서 다른 면적까지 또한 다양하다. 그러므로 블레이드의 설계, 무게와 성능을 최적화하기 위하여 블레이드 설계자는 많은 수의 코어 제품을 활용할 수 있다.

다중의 코어설계의 수요에 대응하여 Gurit사는 코어제품 범위를 넓혀서 PVC, Balsa, 그리고 SAN(styrene-acrylonitrile resin) 코어 형태를 커버하는데 이들 코어는 뛰어난 범주의 물성과 속성을 지닌다.

4.2.6 코어셀 T-폼: Corecell™T-Foam

-환경에 대한 안정성 – 열과 화학물질에 노출에 대한 저항성
-고유의 인성을 지닌 설계 – 가교결합된 PVC와 Balsa에 비교하여 높은 유연성(ductility)과 손상저항성
-정교한 셀 크기 – 수지 흡수가 매우 낮아 무게와 비용을 절약
-탁월한 균일성 – 낮은 밀도 변동성
-가스방출의 제거 – Corecell™은 폼의 가스방출 문제 제거
-적합성(Compatibility) - 폴리에스터, 비닐에스터, 에폭시수지와 사용할 때 적합성
-경화억제성 없음 – Corecell™은 에폭시 수지의 경화메커니즘을 방해하거나 억제하지 않음
-취급성 – 기계 가공하기에 좋은 인성과 용이성을 가짐

4.2.7 코어셀의 소개: An Introduction to Corecell™

Corecell™ T-Foam은 기존의 PVC와 Balsa와 같은 구조용 코어로부터 출발하여 기술적 단계 변화로써 개발되었다. Corecell™ T-Foam은 balsa나 PVC가 보통 사용되는 모든 응용분야에서 사용될 수 있는 탁월한 코어재료이다. 높은 기계적 인성과 열적 안정성은 Corecell™ T-Foam에게 우수한 피로특성을 부여한다. 이러한 신뢰성은 Corecell™ T-Foam이 중요한 사용수명이 요구되는 응용분야에 적용되고 있는 가교결합된 PVC나 Balsa를 자연스럽게 대체할 수 있게 한다.

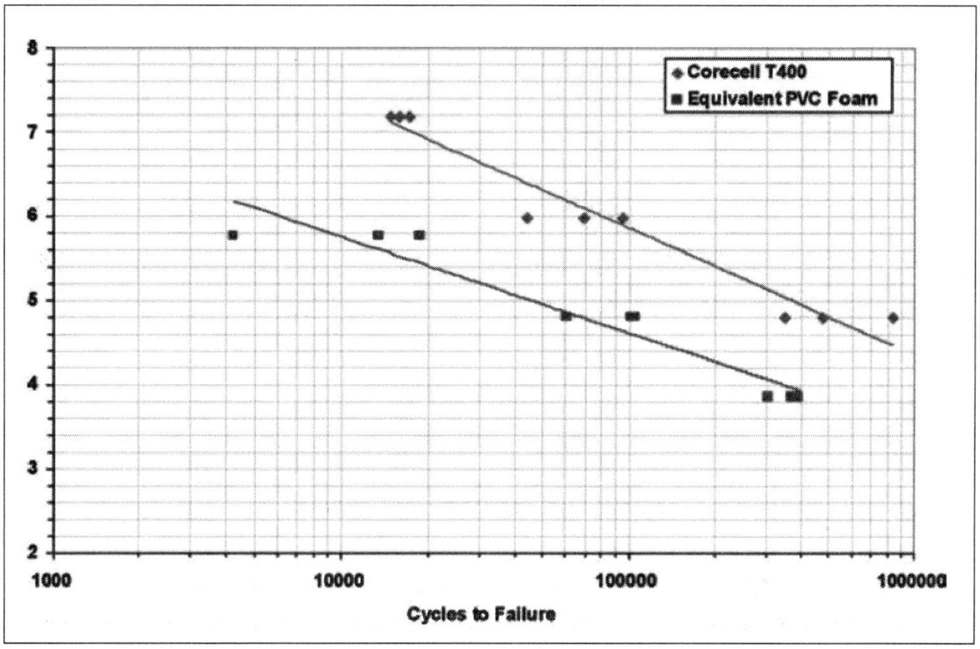

〈그림4.3 PVC와 SAN Foam의 피로성능〉

Corecell™ T-Foam의 배합(formulation)은 폴리머 폼에 대한 뛰어난 열적 안정성을 만들어 낸다. 100℃에서 기존의 가교결합된 PVC폼은 상온의 압축물성의 20%만 유지하지만 Corecell™ T-Foam은 거의 60%를 유지한다. 이러한 안정성이 뜻하는 것은 온도 변동에 노출된 Corecell™ T-Foam구조는 그 물성을 유지하고 core print-through(역자주: 반대편 재료의 높은 밀도 혹은 칼러 때문에 표면에 비춰지는 현상)현상을 거의 일으키지 않는다. Corecell™ T-Foam의 고온 온도 안정성이 뜻하는 것은 제조공정에서 최소 120℃까지 사용될 수 있고 짧은 시간이지만 150℃ 경화사이클에도 가능하다. 이 사항은 이 재료가 기존의 프리프레그와 그리고 높은 수지 발열이 생기는 액상 인퓨젼 공정에서 함께 사용하기에 이상적이다.

4.2.8 Corecell™절단 패턴: Corecell™ Cutting Pattern

Corecell™ T-Foam은 모든 형태의 인퓨젼용으로 출시되고 폴리에스터, 비닐에스터 및 에폭시 수지와 적합하다. 인퓨젼 공정의 중요한 변수중의 한 가지가 매 블레이드마다 수지 유동의 일관성이고, 블레이드 무게와 품질에서의 순차적인 변동성이다. 이러한 현상을 극복하기 위하여 Gurit사는 코어재료의 주문형 절단패턴을 개발하여 수지 유동과 분포를 최적화하였고, 구조물내로 수지의 흡수를 낮게 유지하고 희생용 매쉬의 필요성을 없앴다.

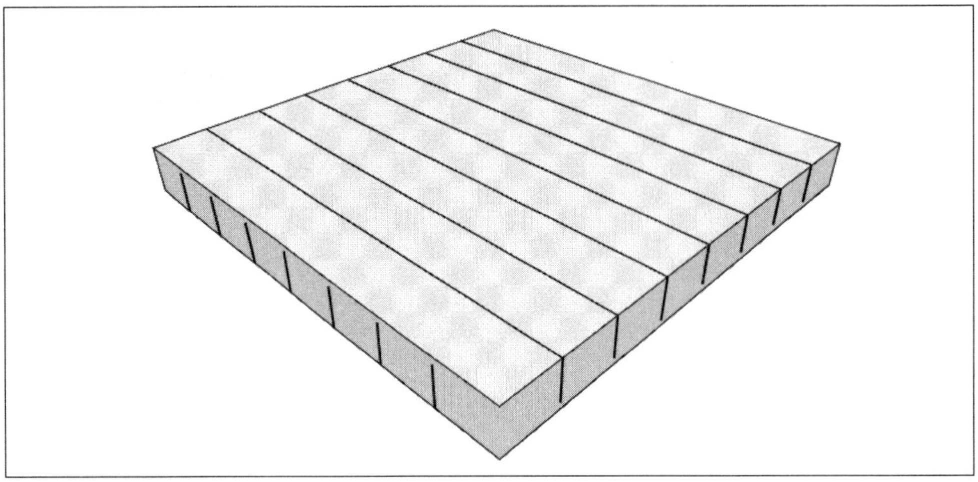

〈그림4.4 칼로 절단된 패턴의 Corecell™〉

이 절단시스템은 쉬트의 한쪽면에 30mm 절단간격으로 얇은 나이프컷(대개 0.8mm)을 사용한다. 그리고 같은 패턴으로 연동되어(coupled) 반대편에는 직각인 방향으로 절단된다. 이런 방법으로 절단하면 뛰어난 유동특성을 주는 동시에 까다로운 몰드 형상이나 커브형에 순응하는 적합성(조화도)을 제공한다. 이런 형태 패턴의 저비용 특성은 첫째 유리섬유 스크림이 필요하지 않는 재료가 적용됨으로서 가능하고(가끔씩 깊게 절단된 인퓨젼 코어패턴에 안정성을 제공하기 위하여 사용됨) 그리고 구멍이 요구되지 않기 때문에 저비용을 이룰 수 있다-절단의 깊이와 30mm x 30mm교차는 적층물과 스킨사이의 완벽한 인퓨젼 유동을 제공해 준다. 풍력에너지 블레이드 제조에서 이 절단 형태(cut configuration)는 아래의 사항으로 증명되었다.

- 전반적으로 수지 소모를 저감시킨다.
- 일관성 있게 신속한 인퓨젼 시간을 제공한다(20% 만큼)
- 재현성있는 인퓨젼 품질을 제공한다
- 스크림천에 의해서 생기는 미합침 면적을 줄인다.
- 드릴로 된 구멍보다 직교 절단에 의해서 생기는 구멍으로부터 유동을 향상시킨다.

실제적인 예시로 두 개의 시험패널이 두 개의 폼 형태를 사용하여 동시에 만들어졌다: 동등한 밀도를 가진 T400와 PVC폼. 두 코어재료는 같은 키트화 패턴으로 준비되고 PRIME™ 20 수지와 저속 반응 경화제(slow hardener)를 사용한 인퓨젼 패널에서 사용되었다. 두 개의 인퓨젼이 동시에 시작되었지만 Corecell™패널에서 PVC보다 이전에 주입이 완료되었다. 이것은 Corecell™T-Foam의 표면 특성과 폼의 낮은 수지 저항특성 때문이다.

〈그림4.5 인퓨전 속도시험〉

완성된 패널의 요약은 아래 테이블에 주어진다.

〈표4.4 수지흡수 비교〉

Panel Status	Corecell T400 Panel (g)	PVC Panel (g)
Total dry weight before infusion	2152	2000
Total weight after infusion	4530	4625
Trimmed panel weight with mesh and peel ply removed	3055	3170
Resin difference (of Type A)	-115	-
Resin difference per square metre	-250	-
Percentage of Type A	96.37%	100%

Corecell™패널은 T400의 높은 밀도 때문에 높은 초기무게를 가졌다. 그럼에도 불구하고 수지흡수의 감소는 최종 마무리된 T400 패널이 115g 가벼운 결과를 가져왔다. 같은 패널의 제곱미터당 250g에 해당하거나 40m 블레이드에서 60kg에 해당한다.

4.2.9 G-발사: G-Balsa*

-탁월한 면내(in-plane) 물성 - 높은 면내(in-plane)전단 및 압축물성
-재생 재료 - 지속가능한 자원으로부터 오는 천연 제품
-설계에 중점 - 구조용 코어로써 발사를 사용하여 설계된 기존의 블레이드에 적절함
-완성된 킷트로 이용가능 - PVC나 하이브리드 해결법(solution)으로 기계가공으로 고객에게 공급

* G-Balsa는 중국에서만 공급 가능함

4.2.10 PVCell*

-넓은 범주의 형상 - 표준 밀도와 절단 패턴으로 공급가능
-기존의 블레이드 설계에 적합 - Diab(타 제조사 제품)나 Airex(타 제조사 제품) PVC core를 사용한 승인된 설계
-완성된 킷트로 공급 - PVC나 하이브리드 해결법으로 기계가공으로 고객의 요구사항 만족
-중국 본토에서 제조됨 - 중국 국내시장에 적합

*** PVCell은 중국에서만 공급 가능함

4.3 구조용 접착제 - Structural Adhesives

고성능 복합재료 터빈 블레이드에서 가장 중요한 것은 이러한 대형 동적이며 능동 구조물의 전주기 수명의 기계적 성능이다. 사이클 하중과 극심한 작동 기후조건에서 구조의 성능은 설계에서 모든 재료에 대한 높은 성능을 요구하지만 주요 부품을 함께 잡아주는 접착제 결합에 더욱 수요가 있다.

순수한 접착 결합에서 최상의 물성을 얻기 위해서 접착제의 극한 접착강도와 파손전의 충격과 변형을 흡수하는 능력을 어울리게 하는데는 타협(trade offs)이 존재한다. 이러한 타협의 일부는 고분자의 화학의 기초에 기인한다. 고분자의 기본적인 문제는 아주 높은 제조비용이나 복잡한 응용공정을 통해서만 극복할 수 있다. 풍력터빈 블레이드 비용에 적합한 해결책을 찾는 것이 도전이다.

접착제의 선정은 이런 기계적 물성에 기반하고 있다. 하지만, 풍력 블레이드에서 고려되는 크기의 구조물에 대해서는 제조에 대한 문제는 항상 핵심 고려사항이다. 이것은 아래 사항들이다.

-접착될 표면의 준비
-접착제의 겔 속도에 관련된 접착제의 주입, 혼합, 적용시간
-Open assembly time - 접착제 혼합과 부품이 클램프로 고정(clamping)되기 전에 초기 접합표면에 접착제를 적용하는 사이의 시간. 그리고 주위 온도와 습도변화가 어떻게 변하는지를 확인하는 시간- 미함침 결합부위를 피하기 위함
-Closed assembly time - 접착라인(glue line)이 구조계산의 요구사항을 만족하는지를 확인하는 반면에 접착제가 흐르고 압착되어 긴밀한 접촉이 이루어져 부품이 제자리를 잡는데 걸리는 시간
-주어진 온도에서 경화속도, 접착제의 열 수축과 열에 의한 연화온도는 경화 및 탈형사이클의 설계에 영향을 미침.

4.3.1 스파본드 340LV : Spabond 340LV

-우수한 갭 채우기 특성 - 다양한 접착라인 두께에 적절함
-고강도 및 고인성을 지닌 산업용 접착제, 5 part정도 차이나는 혼합비에도 작용함

-변동성있는 클램프 고정시간 - 세 가지 경화제 속도는 작업시간의 선택범위를 제공함
-낮은 발열과 추축 - 크랙 발생의 위험성을 최소화함
-고온 저항성 - 75℃까지 고성능

4.3.2 혼합과 적용: Mixing and Application

Spabond 340LV는 인성을 부여하는, 요변성있는 접착제로 단순하게 무게 혼합비와 부피 혼합비는 2:1이다. 혼합기계를 사용하도록 설계되어 있고 수직면에 30mm의 sag(자중에 의하여 흐르거나 처지는 현상) 저항성이 있다. 가용한 경화제의 범위(폭넓은 경화제 종류를 지님)는 작거나 큰 구조물을 접합하는데 이상적인 제품이 되게 한다. 수지와 경화제는 혼합품질을 눈으로 확인하기 위하여 착색한다. 확실한 배합법은 5 ~ 10part(고객의 요구사항에 따른다)까지 혼합비가 틀려져도 Spabond 340LV의 고강도 및 고인성 성능이 얻어질 수 있도록 한다.

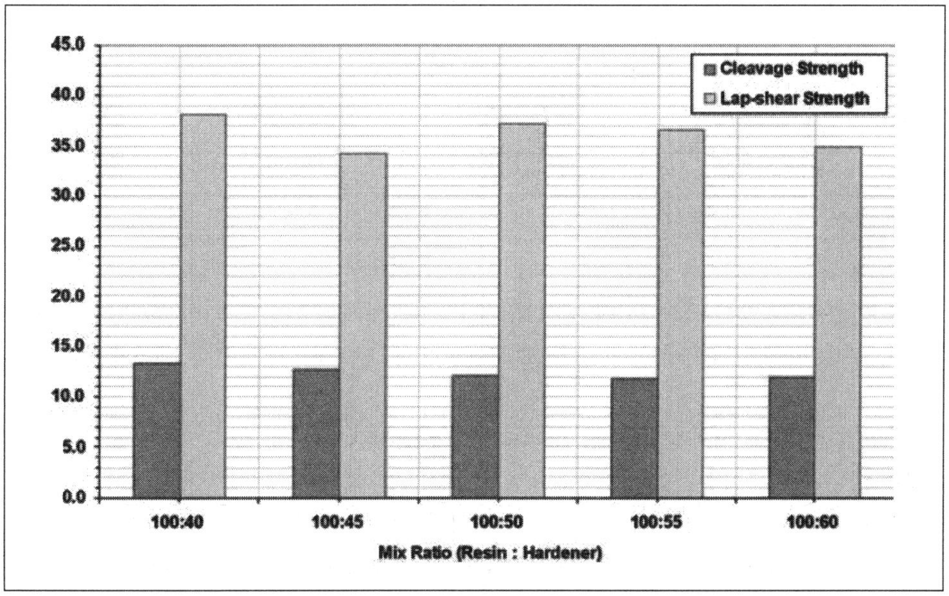

〈그림4.6 기계적 물성에의 혼합비의 영향〉

풍력터빈 블레이드 제조에 사용된 구조용 접착제는 직경이 40 혹은 50mm에 이르는 두꺼운 접착라인에 사용되고, 가끔은 블레이드의 수직면에도 사용된다. 접착제는 젖음성과 요변성이 좋은 특성을 지니고서 두 부품이 함께 모아질 때까지 제자리에 잘 위치하도록 보장되야 한다. Spabond 340LV는 고온에서도 우수한 sag저항성을 제공할 뿐 아니라, 혼합기를 통하여 공급된 후에도 탁월한 전단회복력을 가진다. 이것은 보통 간과되기 쉬운 물성인데 우수한 혼합품질을 얻기 위하여 정적이나 동적인 혼합헤드를 통하여 접착제에 힘을 가할 때, 접착제에 높은 전단력을 준다. 하지만, 이 공정은 재료의 요변성(sag 저항성)을 감소시키는 접착제의 전단희석(shear thin)을 일으키는 경향을 가진다. 일단 바르게 되면 접착제는 더 이상 전단하중하에 있지 않게 되지만, 접착제가 원래의 요변성을 갖기 위해서는 시간이 걸린다 - 그렇게 되면 적용된 곳으로부터 접착제 sagging*이나 흐름이 생길 수 있다.

* 역자 주: sag: 자중에 의하여 흐르거나 처지는 현상

4.3.3 블레이드 중량: Blade Weight

터빈 블레이드 조립에 사용된 다량의 접착제는 접착제 선정에 다른 요인을 불러 일으킨다. 즉 소모량, 접착제의 무게 당이 아니고 부피당 비용을 고려하는 것이 중요하고 제품의 유변성(rheology)이나 유동특성도 중요하다. 이 특성들은 접착제 본드라인의 형상과 크기, 짜여지는 양에 크게 영향을 미치고 원래의 위치에서 흘러나오는 재료의 낭비에도 영향을 미친다. 밀도와 유동을 고려한 올바른 접착제의 선정은 대표적인 블레이드에서 접착제의 총무게의 50 -100kg정도로 영향을 미친다. 블레이드 제조자들은 더 큰 블레이드를 기존의 변하지 않은 터빈 플랫폼에 조립시키고자 하므로 이런 방식으로 블레이드의 무게를 저감시키는 것이 매우 중요하다.

이러한 것이 Spabond 340LV의 다른 특이한 점으로 강조된다. 말하자면, 아래 테이블에서 보는 바와 같이 동등한 유리섬유 인성이 강화된 접착제에 비교하여 상당히 낮은 밀도를 가진다.

〈표4.5 Spabond 340의 혼합밀도 분석〉

Sample	ρresin	ρhardener	Mix Ratio (R:H)	ρmixed
Spabond 340LV with Extra Slow Hardener	1.120 g/cm3	1.060 g/cm3	100 : 50	1.099 g/cm3
Equivalent Glass Filled Adhesive	1.270 g/cm3	1.110 g/cm3	100 : 45	1.216 g/cm3

낮은 밀도는 블레이드의 총중량을 감소시키고, 산업계에서는 구조용 접착제를 kg으로 구매하는 경향이 있기 때문에 Spabond 340LV는 단위 부피당 더 비용적으로 효과적이다.

4.3.4 블레이드 비용의 절감: Reducing Blade Cost

최근에 블레이드 부품 제조의 전체 몰드사이클 시간에서 상당한 향상이 이루어졌다. 스파캡, 전단웹, 쉘과 루트와 같은 구성 부품의 조립에서는 높은 생산성을 얻기 위하여 이런 사이클 시간을 저감하는데 도움을 주는 일을 개발하는데 초점을 두고 있다. 하지만 경화사이클을 가속화하기 위하여 사용된 가열 및 냉각공정은 부품의 접합부위에서 열적인 변동으로 이어져 내재된 응력이 커질 수 있는데 특히 블레이드의 조립에 사용되는 두꺼운 본드라인 부분에서 더 그렇다. 이런 응력은 피로성능의 수명에 영향을 줄 수 있다.

Spabond 340LV는 정적 및 동적 피로응력 상태에서 크랙의 진전을 방지하기 위하여 우수한 인성을 제공할 수 있도록 합성된다. 전형적인 유리섬유 보강 에폭시 수지 접착제와 비교하여 아주 느린 경화제를 혼합한 Spabond 340LV수지의 single lap shear(싱글 랩 전단) 피로성능은 아래 도표에 나타내었다. 시편은 에폭시/유리섬유 UD 적층판으로 만들어졌고, 시험은 5Hz와 R=0.1의 조건하에서 수행되었다.

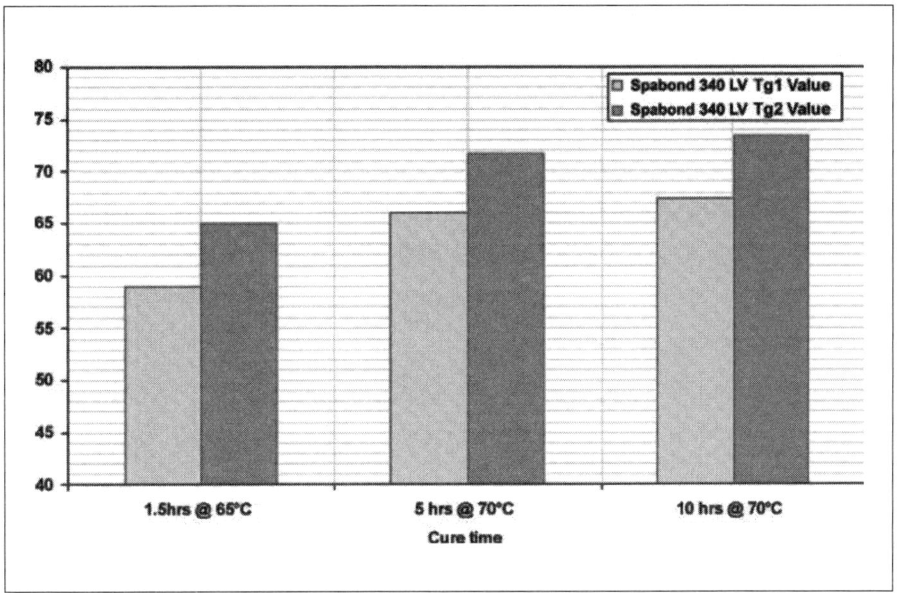

〈그림4.7 Spabond 340 LV의 열적물성〉

4.4 프리프레그 공정용 블레이드 재료 - Materials for Prepreg Blades

프리프레그 블레이드는 대개 루트와 스파, 쉘로 구성되어 있다. 루트와 스파는 UD 유리섬유나 탄소섬유 프리프레그, 2축 프리프레그, 구조용 코어로 되어있고, 쉘은 다축 프리프레그, 구조용 코어, 몰드공정용 코트로 되어있다. 이 부품들은 Spabond 340LV와 같은 구조용 접착제(암몰드-female mold-의 박스스파 제조용)나 비구조용 PU 접착제(숫몰드-male mold-의 맨드렐 박스스파 제조용)로 조립된다.

Gurit사는 프리프레그 블레이드 제조를 위한 프리프레그, 코어, 공정용 코트(process coat) 및 구조용 접착제의 공급과 고성능 프리프레그 기술을 개발하는 방법을 선도하는 긴 역사를 가지고 있다. 다섯 가지 범주에서 Gurit사에서 공급하는 제품은 아래와 같다.

프리프레그: WE91 Prepreg Family
코팅: CR3400 Process Coat, UV stable Top Coat
구조용 접착제 : Spabond 340LV
구조용 코어 : Corecell™ T-Foam
고성능 프리프레그: WE91LE, SPRINT®, SparPreg™

4.4.1 프리프레그 기술: Prepreg Technology

프리프레그 기술은 무게, 성능과 품질의 일관성이 전제조건인 응용분야에 사용된다. 풍력용 프리프레그는 높은 면적당 무게, 비용효율이 높은 수지, 높은 수지주입 속도, 단순화된 섬유배향, 등의 특징이 있다.

- Glass/Epoxy multiaxials(300-2,000gsm)
- Glass/Epoxy unidirectional(600-1,600gsm)
- Carbon/Epoxy unidirectional(300-800gsm)

* gsm: gram/square meter

풍력터빈 블레이드제조를 위하여 프리프레그 선정하게 되면 혼합비율, 혼합의 품질, 수지함량, 섬유배열, 함침품질에 대한 이슈 등을 제거함으로써 부품제조에서 그 복잡성을 감소시켜준다.

4.4.2 WE91 프리프레그 계열: WE91 Prepreg Family

감소되는 사이클 타임: 두꺼운 부분에서 낮은 최대 발열
Diuron(제초제 성분으로 독성이 있음)-free - 향상되는 작업자의 건강과 안전성
다양성 - 상온에서의 수명연장과 다양한 보강재와 함께 공급됨
85 - 120℃ 사이의 추천경화 - 우수한 복합재 적층물의 품질과 낮은 수지 흘러내림

WE91 프리프레그 계열의 소개:An Introduction to the WE91 Prepreg Family

WE91시리즈는 WE와 WT 범주에 속하는 프리프레그(SPRINT®와 AIRSTREAM™제품)의 일부이다. 이 독특한 제품범위는 단독으로 혹은 다른 SP 제품군과 연계하여 이상적이며, 기술적으로 상업적으로 경쟁력있는 엔지니어링 재료를 제공한다.

WE91시리즈는 두꺼운 부위의 제조에 매우 이상적인 높은 유동, Diuron이 없는 에폭시 프리프레그이다. 이것은 85℃처럼 낮은 온도에서 경화될 수 있고, 120℃에서 45분 경화를 통하여 부품의 신속한 제조에 사용될 수 도 있다. 이 모든 것은 21℃에서 60일의 수명을 지닌 것을 얻을 수 있다.

WE91시리즈는 진공백 공정을 위하여 설계되었고 유리섬유나 탄소섬유 보강재에서 우수한 기계적 성능을 제공한다. WE91은 세 가지 종류의 E-glass fiber에 함침되는데, uniaxial(일방향), biaxial(2 방향), triaxal(3방향)이며, 일련의 응용에 대비하여 비용효율이 높은 복합재 building block을 만들기 위하여 많은 량의 부피로 제조된다. 다른 WE91 제품군은 프리프레그형 필 플라이(peel ply)와 needle mat이다.

단방향 유리섬유 프리프레그는 600 - 1,600g 섬유무게를 가진 유리섬유를 사용한다. 이 제품은 고성능 재료가 필요한 큰 두께를 적층하는 아주 경제적인 방안을 제공한다. 특히 이제품은 길이방향(longitudinal)압축과 굽힘을 받는 마스트, 폴대, 빔과 같은 복합재료 주구조물에 적합하다. 이 제품은 1,400mm의 폭까지 공급이 가능하다.

일방향 탄소섬유 프리프레그는 높은 기계적물성이 요구되는 용도에 적절하고 300 - 800g 면적당 무게(fiber area weight)의 크기로 공급된다.

2방향 프리프레그는 ±45° 재봉된 E-glass 직물인데 300 – 1,800g 사이의 섬유무게를 사용한다. 이 재료는 두꺼운 형상 적응성이 좋은(drapeable) 직물로, 혹은 UD제품(인장과 비틀림강도 및 전단강성이 낮음)과 연계한 2차구조물로서 단독으로 사용이 가능하다. 이 제품은 1,400mm까지의 넓이로 공급될 수 있다.
세 방향 프리프레그는 일방향 직물에 ±45 이축 E-glass 섬유직물이 재봉된 것으로 무게는 900 – 1,800g fiber weight이다. 이 재료는 두꺼운 형상 적응성이 좋은(drapable)직물로 사용될 수 있다. 세 방향 프리프레그는 biax side에 유리섬유 tissue를 입힌 상태로도 공급가능한데, 이것은 몰드내 작업이나 top coat에서 print through를 방지하는데 도움이 된다.

끈적임 정도: Tack

Tack은 프리프레그에서 매우 중요한 특성이다. 그것은 표면에 매우 민감하고 점탄성 물성이며, 수지와 섬유의 물성, 함침정도, tack을 정의하는 공정에 에 좌우된다. 적층과 진공작업이 완료되는 동안 프리프레그와 코어재료가 제자리에 자리잡고 있도록 도와주기 때문에 프리프레그 부품을 제조할 때 필수적이다. 하지만 tack과 함침에서 차이가 나면 기대한 것과 다르게 최종부품이 거동하도록 한다. 이렇게 되면 프리프레그의 박리(delamination), 주름과 기공과 같은 비용이 드는 문제점을 갖게 된다. 그런 문제가 발생하는 것을 방지하기 위하여 적층물에서 각 재료에 대하여 올바른 tack의 정도를 선정하는 것이 중요하다.

WE91 수지재료에는 tack이 다른 2가지 종류가 있다. WE91-1(high tack)은 대표적으로 UD 유리섬유나 2축 프리프레그에, WE91-2(medium tack)는 이축, 3축 혹은 UD 탄소섬유 프리프레그에 사용된다.

수지 함유율: Resin Content

수지 함유율은 프리프레그의 공정에서 또 다른 중요한 제어 파라메터이다. 고성능 프리프레그에서 수지 함유율은 최적 기계적물성을 얻기 위하여 높은 섬유 충전밀도와 기공함량 사이의 타협으로 결정된다. 고압 오토클레이브 공정에서 기공함량이 급격하게 커지기 시작 전에 낮은 수지함량이 도달된다. 진공으로 압착된 유리섬유 프리프레그(Gurit사에서 제조된 대표물)에서는 수지함량은 최소 27% 중량비(FVF-fiber volume fraction, 59%에 해당)로 제한된다. 이 수치 아래에서는 기공함량은 급격하게 증가하고, 2축 적층물에 대하여 아래 그림에 보는 바와 같이, 층간전단강도나 압축강도와 같은 수지가 주도하는 기계적물성에 매우 중요한(critical) 영향을 가진다.

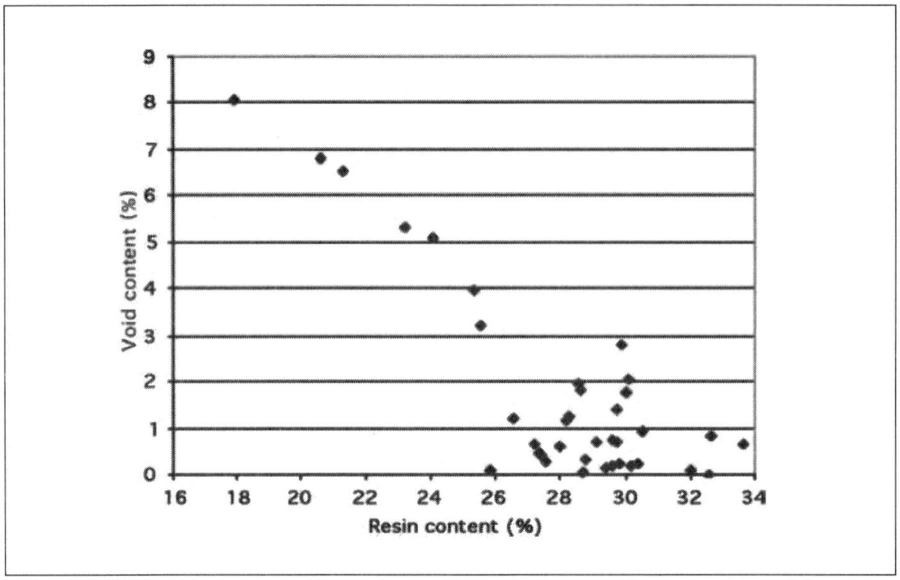

〈그림4.8 적층판 기공함량과 수지함량의 영향〉

역으로, 플라이 사이에 잉여 수지가 있을 때, 프리프레그 적층물내의 공기를 빼내기 어려워지기 때문에 높은 수지함량은 높은 기공함량을 일으킨다. 하지만, 높은 수지함량이 요구되는 경우는 드물고, 한개 층의 플라이 적층판이나 과잉수지가 접착을 위하여 요구되는 코어재료 옆에서 사용되는 경향이 있다.

아래 테이블은 WE91 프리프레그에서 사용되는 수지함량에 대한 대략의 가이드이다.

〈표4.6 WE91 프리프레그 수지함량 가이드〉

Resin System	Reinforcement	
WE91-1	UD Glass	32%
WE91-1 or -2	Biaxial Glass	35 – 50%
WE91-2	Triaxial Glass	35 – 50%
WE91-2	UD Carbon	32%

형상적응성 Drape

Drape란 툴의 표면위에 요구되는 형상에 맞춰지는 프리프레그의 능력 정도를 말한다. 이것은 프리프레그에서 중요한 인자이다. 왜냐하면 섬유와 높은 점도를 가진 수지사이의 상호작용 때문에 습식적층이나 보강재에 인퓨젼하는 공정에 비교하여 프리프레그가 아주 제한된 형상적응성(drapability)을 제공하기 때문이다. 툴이나 주변의 플라이 사이에 프리프레그의 브리징을 최소화하기 위하여 충분한 적응성(drape)을 보증되는 것이 중요하다. 반면에 프리프레그가 롤 상태에 있거나 적층할 때 수지가 짜여져 나오지 않도록 충분하게 수지점도가 높은지 확인해야 된다.

적용온도가 감소함에 따라 drape는 감소하게 되는데 수지 점도가 증가하기 때문이다. 그래서 그 프리프레그가 겪게되는 가장 낮은 적용온도까지 좋은 darpe를 얻을 수 있는 것을 보증하는 것이 중요하다. 비슷하게 높은 적용온도는 훨씬 좋은 drape를 제공하는 경향인데, 그렇게 되면 tack이 증가하게 된다. Gurit사의 프리프레그 수지는 실제 공장 환경에서 잘 되도록 맞춤형으로 제공되어 왔다. Drape는 직물의 구조에 밀접하게 연관되는데 3축 직물과 같은 예시에서는 재봉질(stitching)이 직물의 형상적응성(darapability)을 제한 할 수 있다. Gurit사의 WE91-2 수지 시스템은 tack이나 수지함침과 타협하지 않고 우수한 drape 성능을 제공하도록 제조된다.

폐기수명: Out-life

프리프레그는 보통 경화촉진제가 있는 수지를 갖는데, 약 75℃의 반응개시 온도 위에서는 반응한다. 하지만 일부 반응활동은 프리프레그 제조공정 동안에 개시되어 프리프레그 수지는 낮은 온도(0℃)에서 조차 아주 천천히 경화되고 프리프레그 제품은 부분경화단계의 진행(stagging)을 하게 된다.

Stagging은 프리프레그 수지의 점도를 증가시킨다. 그래서 수지유동이 임계점이하로 감소되는 점까지 수지가 stage(역자 주: 부분경화)하기전에 프리프레그를 사용하는 것이 중요하다. 이 임계 유동이란, 임계점도에 대응하는데, 경화중 수지유동이 경화된 적층판의 기계적 물성에 영향을 줄 정도에 제한되는 점을 말한다. 모든 복합재료 구조물에서 어떤 정도(level)의 수지 유동이 요구되는데 이 level이란 것은 인접 프리프레그나 폼의 표면이나 구멍과 같은 다른 복합재의 특징물의 함침을 확인할 수 있는 정도의 수준을 말한다. 최적의 기계적 성능을 위해서는 특정보관 온도하에서 프리프레그의 폐기수명(out-life)은 초과되지 않아야 한다. 수명은 주어진 보관 온도하에서 이 임계점까지 사용전(fresh) 수지의 점도를 증가시키기 위하여 필요한 시간을 측정함으로써 결정된다. WE91 프리프레그에 대한 추천 보관온도는 아래에서 볼 수 있다.

〈표4.7 WE91 프리프레그 추천 보관온도 및 기간〉

Outlife	
At -18°C (months)	18
At +5°C (months)	6
At 21°C (days)	60

반응성: Reactivity

프리프레그의 반응성이란 근본적으로 수지 내에 있는 촉진제의 형태, 비율, 양 등으로 조절되고, 반응성은 어떤 혼합비율에서 발생하는 경화의 전체 엔탈피에 의하여 정의된다. 선정된 촉진제와 혼합비율은 프리프레그의 적용 내용에 따라 특정하다. 그리고 두꺼운 부위의 경화에 대하여 반응성은 최소화되어야 한다. 경화중의 수지가 반응함으로써 발생되는 과잉의 열을 방지하기 위하여 반응성은 최소화되어야 한다. 이것이 발열(exotherm)이라고 알려져 있다.

수지시스템의 특성을 조사할 때, 표준경화 방법으로, DSC*를 사용하여, 반응의 전체 엔탈피, 반응개시와 종료온도, 최고점을 측정하는 것이 중요하다. 이런 파라메터는 벤치마킹 값과 비교함으로써 큰 복합재료 부품에서 수지의 거동을 예측할 수 있게 한다.

* DSC: differential scanning calorimetry (시차주사열량법)

프리프레그 수지의 유리전이온도, Tg는 수지시스템을 특성을 알아내는 다른 중요한 파라메터이다. 왜냐하면 가교 밀도의 지표이며 따라서 경화중의 예상 발열량의 지표이다.

〈표4.8 WE91 프리프레그 발열량 및 Tg〉

WE91 Thermal properties (20ºC-250ºC @ 10°C/minute)	
Enthalpy (J/g)	250 ± 50
DSC Tg2 (°C)	110 - 125

기계적 물성: Mechanical Properties

다양한 임계 기계적물성은 프리프레그의 기계적 성능을 조사 분석하기 위하여 측정된다. 물성들은 정규화된(normalized) 인장강도, 인장 모듈러스, 층간 전단강도와 압축강도 등이다. 다른 부차적인 물성들을 고려하게 되는데, 그것들은 완전한 적층판 설계의 일부로써 평가되는 폼과 겔코트 접착 등이다. WE91 제품의 기계적 성능의 개요를 제공하기 위하여 몇 가지 대표적인 프리프레그에 대한 요약 테이블이 아래 주어진다.

〈표4.9 WE91 프리프레그의 기계적 물성〉

Prepreg	Reinforcements				
	1600g UD Glass	600g UD Low Modulus Carbon	600g Fleeced Biax	1200g Fleeced Triax	Test Standard
Resin System	WE91-1	WE91-2	WE91-2	WE91-2	-
Resin Content (%)	32	35	43	43	-
Tack	High	Medium	Medium	Medium	-
Fibre Weight (g/m2)	1600	600	600 + 50 Fleece	1200 + 50 Fleece	-
Prepreg Aerial Weight (g/m2)	2353	923	1140	2193	-
0° Tensile Strength (MPa)	1185	1760	135	600	BS EN ISO 527
0° Tensile Modulus (GPa)	50	120	15	30	BS EN ISO 527
0° Tensile Strain to Failure (%)	2.4	1.45	0.76	2	BS EN ISO 527
0° Compressive Strength (MPa)	-	1040	435	-	ISO 14126
0° Compressive Modulus (GPa)	-	115	25	-	ISO 14126
0° Compressive Strain to Failure (%)	-	0.95	1.45	-	ISO 14126
0° ILSS (MPa)	60	75	-	40	BS EN ISO 14130
45° Tensile Strength (MPa)	-	-	490	380	BS EN ISO 527
45° Tensile Modulus (GPa)	-	-	25	25	BS EN ISO 527
45° Tensile Strain to Failure (%)	-	-	1.45	1.5	BS EN ISO 527
45° ILSS (MPa)	-	-	35	40	BS EN ISO 14130

프리프레그의 중요 특성의 한 가지는 섬유배열이 함침공정 중에 효과적으로 고정(lock)된다는 것이다. 적층 단계에서 섬유가 쉽게 왜곡되지 않고 추가적인 섬유가 필요하지 않고, 특히 UD 적층판에서는 특정 재봉질(stitching)이 필요하지 않다는 것이다. 프리프레그와 인퓨젼 제조공정을 사용하여 제조된 UD 적층판의 기계적 성능의 비교를 통하여 더욱 분명하게 이해할 수 있게 되며, 아래 테이블에 요약한다.

〈표4.10 프리프레그와 인퓨젼 UD물성의 비교〉

Property		Prepreg	Infusion	% Change
Normalised Tensile Strength @ 53% FVF (MPa)	Mean	1010	989	-2.11%
Normalised Tensile Modulus @ 53% FVF (GPa)	Mean	44.1	43.7	-1.01%
Normalised Compression Strength @ 53% FVF (MPa)	Mean	1036	644	-37.81%
Normalised Compression Modulus @ 53% FVF (GPa)	Mean	42.7	42.8	+0.2%

인장 및 층간전단 물성은 비교할 만한 수준이나 압축강도는 직물의 재봉질(stitching) 때문에 생긴 섬유의 변형으로 인한 섬유좌굴 때문에 크게 감소할 수 있다.

4.4.2.2 코팅: Coatings

프리프레그 블레이드의 제조시에는 몰드 내부 UV 방지 겔코트(블레이드의 최종 마감표면으로)나 혹은 코팅작업(페인팅에 적절하게 처리된 원표면 혹은 대상물)이 요구된다. 하지만 대부분의 프리프레그 블레이드 제조공정은 앞전(leading edge)과 뒷전(trailing edge)이 채워지고 최소한으로 후접합으로 짝을 이룬다. 더구나 UV안정화 겔코트는 적층판을 보호하는 것을 도와주고, 페인팅 방법이 블레이드의 최종 코팅이라면 복잡한 배합은 공정중에 불필요한 비용이 더해진다.

최종마감에 걸리는 시간에 대한 공정절감과 공정 코팅 또한 몰드표면을 보호하고 툴의 수명을 연장시키고 수율을 증가시킨다.

Gurit사는 잘 정립된 UV(자외선, ultra violet)안정 top coat와 공정 코트부문에서 풍력에너지 시장에서 에폭시 코팅제품의 대표하는 제조자이며 공급자이다. 대형 블레이드에 대하여 PU(폴리우레탄, polyurethane) 페인트로 process coat를 사용하는 경향이 있어 여기에서는 process coat에 대해서만 논의한다.

CR3400 공정용 코트: CR3400 Process Coat

CR3400은 에폭시 적층판에 대한 몰드내 에폭시 process coat이다. 따라서 페인트 절차(scheme)의 추가 적용에 대한 기준으로 사용하도록 설계된다. CR 3400은 쉽게 샌드페이퍼 처리를 할 수 있도록 합성되어 일단 탈형되면 CR3400 표면은 페인트를 적용하기 전에 쉽게 요구에 맞추도록 할 수 있다. 이 특징은 적층판의 print through나 몰드 결함에 의하여 생긴 약간의 표면 결함이 쉽게 샌더페이퍼 작업으로 없앨 수 있는 추가적인 이점을 가져다 준다.
CR 3400는 다른 에폭시 겔코트와 같은 방법으로 몰드에 적용된다. 그리고 비슷한 취급 특성을 가지고 있다. 제품은 다른 겔코트보다 상당히 긴 오버코팅 윈도(역자 주: 추가적으로 코팅이 가능한 시간적 여유: overcoating window)를 가지고 있다. 이것이 뜻하는 것은 이 제품이 매우 유연한 제조 환경하에서 사용될 수 있다는 것이다. 하지만 공장의 습도 와 오염가능성은 아주 중요한 요인이기 때문에 공정윈도(process window)를 증명하기 위하여 주의를 기울여야 한다.

〈표4.11 CR3400 공정물성〉

Property	15°C	20°C	25°C	30°C
Initial Mixed Viscosity (cP)	7655	4780	2930	1830
Pot Life - 500g Mix in Air (hrs:mins)	-	01:00	-	00:45
Sag Resistance (μm)	550	400	280	200
Tack-off Time (hrs:mins)	05:50	05:00	04:20	03:40
Latest Overcoating Time (hrs:mins)	61/2	24	16	12
Min. Rec. Thickness (μm)	300	300	300	300

CR3400은 에폭시 적층판을 백업하기 위하여 설계되고 Gurit사의 WE91 프리프레그 종류와 SPRINT® 재료와 적합성이 좋다.

4.4.2.3 프리프레그 블레이드용 접착제: Adhesive for Prepreg Blades

박스빔 설계(male mandrel)에 대하여, 구조접착제는 빔과 쉘을 함께 접합하도록 요구되지는 않는다. 이런 형태의 설계는 대개 PU(폴리우레탄, polyurethane)같이 저가이며 저성능의 접착제를 사용한다. 암 몰드(female mold) 스파 설계에 대해서는 구조 접착제는 두 스파 부품을 함께 접착할 필요가 있다. 이런 형태의 프리프레그 블레이드에 대해서는 Gurit사는 Spabond 340LV를 공급한다. 이 접착제는 Materials for Infusion Blades 단원에서 상세하게 설명된다.

4.4.2.4 구조용 코어: Structural Core

풍력에너지 시장이 성숙하면서 블레이드 설계의 최적화는 더욱 중요하게 되었다. 왜냐하면 블레이드 길이와 무게는 증가했기 때문이다. 결과로 한 개의 코어가 모든 공정에 맞춰진다는 것은 더 이상 현대의 블레이드에는 적합하지 않다. 구조용 코어에 대한 재료측면의 요구사항은 쉘에서 전단웹까지 또한 쉘의 한쪽 면에서 다른 면까지 상당히 다양할 수 있다. 따라서, 블레이드 설계, 무게, 성능을 최적화하기 위하여 블레이드 설계자는 많은 수의 코어 제품을 이용할 수 있다.

프리프레그 블레이드 공정에서 요구되는 고온 성능 때문에 좋은 열안정성을 가진 코어가 요구된다. Gurit사는 풍력에너지 시장에서 프리프레그 응용을 위하여 두 가지 폼을 공급한다: CorecellTM 및 G-PET이다.

코어셀 T-폼: Corecell™ T-Foam

-환경 안정성 - 열과 화학물질 노출에 대한 높은 저항력(tolerance)
-내재된 인성 - 가교결합된 PVC와 Balsa와 비교하여 높은 유연성과 손상 저항력(tolerance)
-섬세한 셀 크기 - 수지 흡수가 매우 낮아 무게와 비용을 절감
-우수한 균질성 - 낮은 밀도 변화도
-가스분출을 없앰 - Corecell은 폼의 가스분출을 없앰
-적합성 - 폴리에스터, 비닐에스터, 에폭시 수지와의 사용에 적합
-경화를 억제하지 않음(No Inhibition) - Corecell™은 에폭시 수지 경화 메커니즘을 방해하지 않음
-취급 - 인성이 높고 기계가공이 쉬움

G-펫: G-PET

Gurit사는 최근에 구조용 코어의 포트폴리오에 G-PET를 추가했다. PET 폼은 저가의 코어인데 저가의 재료와 효율성이 높은 사출제조 공정을 사용하여 제조된 것이다. PET 사출폼은 합리적인 기계적물성을 보유하고 있지만 높은 밀도로 풍력분야 응용에 적합하다. 그러므로, 설계에서 무게가 중요하디 않은 곳에 PET는 비용효율이 높은 대안을 제시하고 결과로 프리프레그 블레이드 제조에 사용이 증가하고 있다.
-높은 공정 온도
-뛰어난 화화물질 저항성
-좋은 접착력

-비용효율성이 특히 두꺼운 부분에 대하여 우수함
-뛰어난 기계적 물성
-재사용성
-모든 형태의 복합재료 공정과의 적합성

4.4.2.5 고성능 프리프레그: Advanced Prepreg

Gurit사가 풍력에너지 시장에 프리프레그를 공급한 긴 역사는 Gurit사가 터빈 블레이드 제조를 빠르고, 쉽고, 저렴하게 하도록 설계된 차세대 프리프레그를 도입하는 방법을 리드하도록 하고 있다. 이 단원은 Gurit사에 의하여 개발되고 오늘날 블레이드 제조에 사용중인 고성능 프리프레그를 제안한다.

WE91LE

기존의 풍력에너지용 프리프레그 적층물은 대표적으로 80-90℃에서의 유지시간을 거쳐 경화된다. 이것은 두꺼운 부위의 발열을 제어하기 위하여 도입되고, 최적의 열적 기계적 물성을 얻기 위하여 더 높은 온도에서 경화되기 전에 수행된다. 유지시간 없이 적층판이 경화될 때, Gurit사의 WE91LE는 표준제품에 비교하여 상당히 낮은 피크를 갖는 발열온도를 보여준다. 경화사이클 시간과 생산성 증가를 위하여 이 특성은 새로운 공정을 위한 추가적인 경화 최적화를 가능하게 한다.

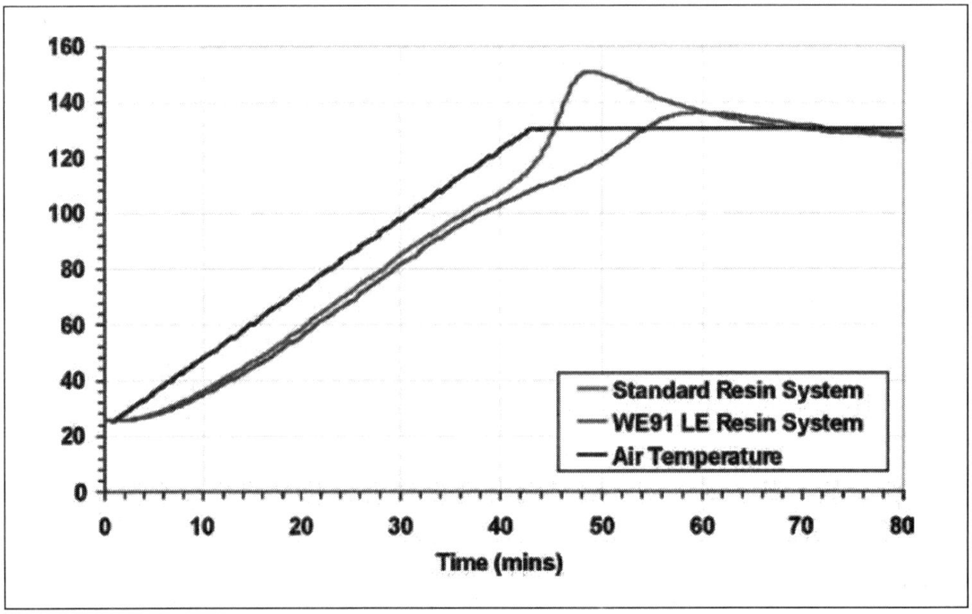

〈그림4.9 WE91 프리프레그의 발열거동〉

스프린트: SPRINT®

대형 블레이드의 출현으로 고품질의 부품을 제조하는데 필요하며 증대하는 기술적인 도전을 만족시키기 위하여 새로운 프리프레그 기술이 요구되었다. Gurit사가 수상하고 특허를 획득한 SPRINT® 기술은 이러한 요구를 채워주기 위하여 적합하고 대형 구조물을 위한 복합재 기술

플랫폼으로써 계속해서 시장을 리드하고 있다. 다축 혹은 직조형태로 공급되는 SPRINT®는 고품질(매우 낮은 기공함유율)이고 표준 경화 및 진공백 공정의 두꺼운 부위를 가진 적층판의 생산을 가능하게 한다. 고품질의 부품을 생산하기 위하여 제품은 상호 교환적으로 사용될 수 있고 다른 SPRINT®제품과 프리프레그 제품과 적합하다.

SPRINT®의 핵심적인 몇 가지 장점은:

-오토클레이브 품질을 지니지만 진공백 공정으로도 가능함
-탁월한 재료 취급
-우수한 건강 및 안전
-빠른 적층
-부피 줄임과정(de-bulking)이 필요없음
-신뢰성과 재현성
-탁월한 적층판의 품질
-절감되는 비용

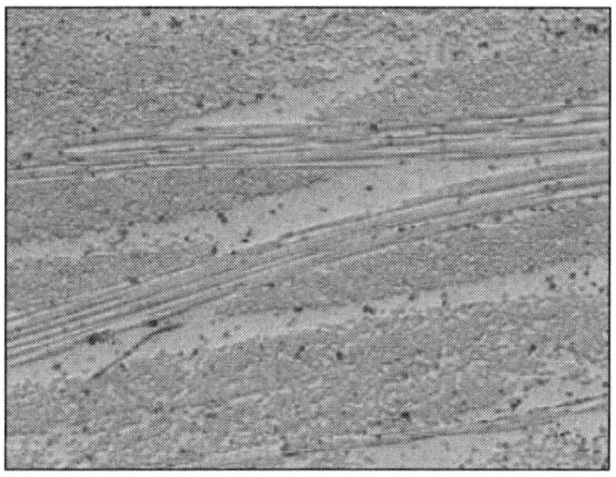

〈그림4.10 SPRINT® 유리섬유 적층판 기공함량(0~0.5%)〉

SPRINT®는 두가지 주요 형태로 공급됨:

1. 표준 SPRINT® - 오른쪽 그림에서 보는 바와 같이 SPRINT® 수지는 양쪽면에 직조 혹은 다축 직물로 된 샌드위치 구조로 된다. 이 제품은 대형 롤이나 스파 와인딩 응용을 위하여 작은 테이프형태로 공급된다. 다른 장점은 이 제품은 backer없이 공급되어 쓰레기 취급과 폐기 비용을 줄인다.

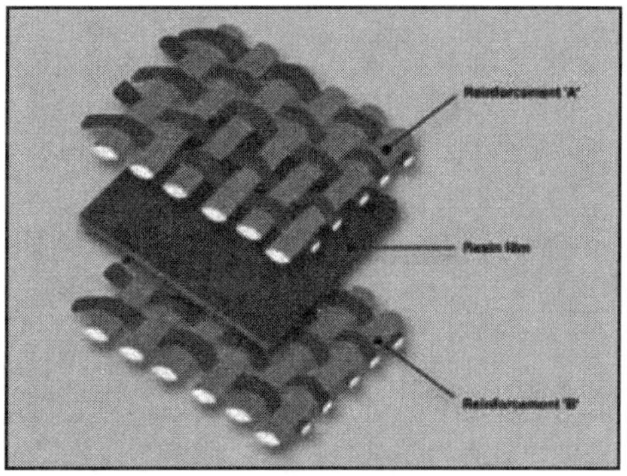

〈그림4.11 SPRINT® 개념도〉

2. Single Sided SPRINT® - 무거운 다축 제품을 위하여 스프린트 수지는 보강제의 한 쪽면에만 적용되어 적층공정을 돕기 위하여 tack필름을 다른 면에 바를 수 있다. 공정 중에 생기는 표면 결함을 없애고 총 마무리 시간을 줄이기 위하여 첫 번째 층이 겔이나 프로세스 코트에 붙여지기 때문에 이 제품을 사용하면 특히 효율적이다.

SPRINT®의 다른 응용분야는 기존의 프리프레그 적층물내의 추가적인 공기를 빼는 시스템이다. 각 플라이 사이에 과잉 공기 갇힘현상(entrapment)을 일으키는 무겁고 두꺼운 tack 프리프레그를 사용하는 스파캡용의 두꺼운 UD 적층복합재를 생산하는 것이 일반적이다. 2축

스프린트를 매 2, 3, 4플라이 사이에 넣어서 기공함유는 상당히 감소될 수 있다.

전통 SPRINT® 개념은 복합재 및 제조공정의 최적화에 대한 일련의 새로운 가능성을 열었다.

스파프레그: SpaPreg™

풍력 블레이드의 주요 하중지탱 구조는 스파 부품인데, 구조쉘으로 스파캡을 통합하거나 병행생산을 통하여 별도 스파구조물을 전단웹과 완성한다.

두 가지 방법에서 공통적인 것은 굽힘강도와 강성을 제공하기 위하여 일방향 섬유(UD), 유리섬유나 탄소섬유를 이용하는 것이다. 요구되는 UD 재료의 양은 매우 많아 단면이 50mm 두께에 이른다. 섬유 배열, 수지함량, 기공함량, 적층속도, 발열조절, 다축 재료를 사용한 전단웹에 의 연결을 고려할 때 여러 가지 기술적인 도전이 생긴다.

더구나 블레이드 크기가 증가하고 탄소섬유가 폭넓게 사용되기 때문에 강도 요구사항은 주요 설계 추진동기가 되어 섬유의 배열과 기공함유율이 적은 고품질의 적층판에서 더욱 강조하게 되었다.

블레이드 제조를 위한 품질 비용을 보는 풍력시장에서 현재 강조하는 사항은 경쟁력있는 전체 블레이드 비용에 대한 일관성있는 품질을 생산하는 제품에 대한 요구가 증대되었다. 향상이 필요한 핵심 분야의 한 가지는 스파캡인데 공정에 관련된 어려움은 부품 품질에서의 변동성이나 비싼 공학적인 해결책을 가져오게 했다. 공기유통 소재와 해결책에 대한 Gurit사의 경험, 즉 SPRINT® 와 airstream,을 이용하여 SpaPreg™라는 새로운 일방향 재료가 개발되었다.

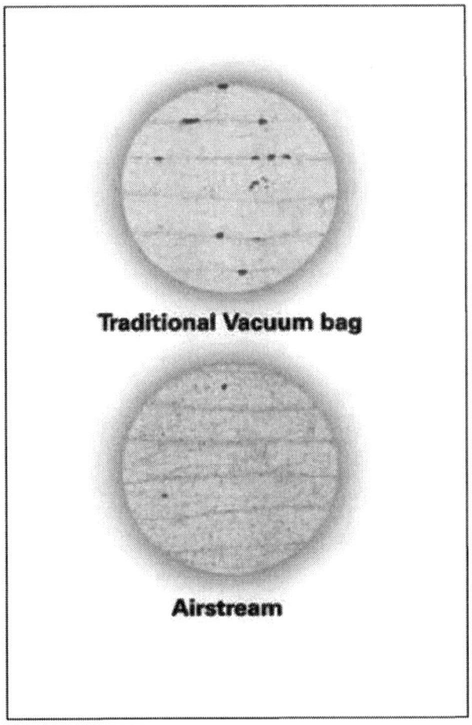

〈그림4.12 기공함량 분석〉

이 제품은 표준 진공백 공정을 사용하고 중간 압착단계 없이 UD 적층물내의 플라이간의 공기제거를 쉽게하도록 조제되었다. SparPreg™는 SPRINT™ 다축 재료와 완전히 적합하도록 설계되고 모든 구조 스파 개념에 대한 매우 다양한 재료 해결책을 제공한다.

스파캡의 제조에 대하여는 많은 방법이 있는데, 습식 적층, 직조 UD직물에의 인퓨젼, 습식 토우 배열법(tow displacement), 그리고 프리프레그 등이다. 스파캡들은 때로는 off-line으로 만들어져 쉘 구조물과 통합하기 전에 이 중요한 부품의 전적인 품질 증명을 가능하게 한다. 문제는 UD재료의 낮은 공기 소통성 때문에 복잡해 진다. 즉, 인퓨젼하기 아주 어렵게 만들고 프리프레그의 경우에 플라이간의 공기를 제거하기 어렵다. 이 이슈는 UD 적층물내의 다축 재료를 통합함으로써 제거되어 빠른 인퓨젼 속도를 제공하고, 프리프레그 적층물로부터 공기제거를 쉽게한다.

Sparpreg™는 인퓨젼 블레이드에 대한 혼성 해결책을 제공한다. 직조 UD와 다축 적층은 UD 프리프레그와 함께 요구되지 않기 때문에, SparPreg™의 기계적 성능은 습식방법에 대하여 훨씬 우수하다. 공정은 또한 단순하고 견고하여 빠른 적층과 아주 낮은 결함율을 가진 캡의 경화가 가능하게 했다. 비록 새로운 재료비용은 프리프레그에 비하여 높지만, 공정의 절감과 블레이드 저감된 무게는 SparPreg™ 스파캡을 매력적인 선택사항으로 만들었다.

PART 5

인퓨젼 기술과 프리프레그 기술을 사용한 35m 블레이드의 비교연구: Comparative Cost Study of a 35m Wind Turbine Blade using Infusion and Prepreg Materials Technology

개요: Introduction

풍력터빈 블레이드는 고성능 복합재료의 특성과 부품제조의 유연성 때문에 그것을 사용하여 만들어진다. 최근 블레이드의 크기가 증가하고 제조가 가속화됨에 따라 재료와 제조과정의 선정은 점점 중요하게 되고 있다. 풍력산업이 빠르게 성장하는 두 가지 재료기술이 나타나게 되었고 제품에 대한 증가하는 요구사항을 만족해야 하는 것은 성능과 품질이고 두 기술은 프리프레그 기술과 인퓨젼 기술이다.

이 두 기술은 잘 정립되어 현재 운전중인 대다수의 블레이드에는 이 기술들이 차지하고 있다. 하지만 풍력산업은 계속해서 높은 MW급 터빈을 개발하고 이 터빈들은 더 대형의 블레이드를 필요하게 된다. 결과적으로 재료와 공정에 대한 요구도가 계속해서 증가한다. 진화하는 시장의 요구에 대응하여 블레이드에 가장 적절한 기술에 대한 논란이 점점 강해지고 있다.

재료기술의 선정은 복잡한 이슈이다. 왜냐하면 재료기술은 전체의 공급사슬을 함축하고 있기 때문이다. 이 연구는 여러 파라메터를 강조하기 위하여 단순하지만 비교가 가능한 35m 블레이드를 사용한다. 여기에서 파라메터란 블레이드 제조에 사용될 인퓨젼과 프리프레그 기술을 선정하는 전략을 수립할 때 고려하는데 필요한 파라메터를 뜻한다.

5.1 복합재 공정기술 - Composite Processing Technology

인퓨젼 기술을 사용하는 대부분의 블레이드 제조사는 공정에서 기지재료는 에폭시수지를 사용하지만 폴리에스터 수지도 또한 사용하기도 한다. 프리프레그 기술은 현재 독점적으로 에폭시수지에 기반을 두고 있다. 두 재료에 기반을 둔 기술의 기초에 대한 간략한 개요가 아래 절(section)에서 주어진다.

5.1.1 인퓨젼기술: Infusion Technology

인퓨젼 기술의 중요사항은 진공을 이용하여 보강섬유나 직물로 수지를 빨아들이는 것이다. 진공은 적층된 직물(혹은 적층직물, fabric stack)의 끝에서 압력을 감소시켜 대기압이 수지가 적층직물을 통과하도록 힘을 가한다. 적층직물에 수지를 주입하는 속도와 거리는 아래의 파라메터에 의존한다.

- 수지시스템의 점도 η
- 적층된 직물의 투과도 D
- 주입되는 수지에 작용하는 압력구배 $\triangle P$

이들 사이의 관계는 인퓨젼 공정의 속도 v에 관하여 아래 식을 이용하여 단순하게 정의할 수 있다.

$$v \propto \frac{D \times \Delta P}{\eta}$$

러므로 인퓨젼의 속도는 적층된 직물의 투과도가 증가함에 따라 증가하고, 압력구배가 증가함에 따라 증가하고, 점도가 증가함에 따라 감소한다.

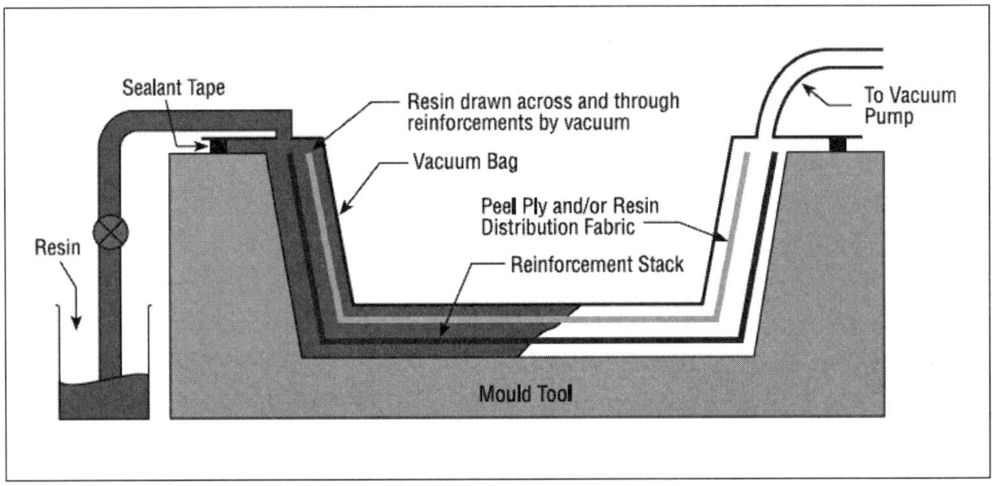

〈그림5.1 인퓨젼 공정 개념도〉

인퓨젼 공정에서 낮은 점도에 대한 요구사항은 표준 액상의 폴리에스터나 에폭시 수지시스템을 사용하여 만족시킨다. 적층된 직물이 수지로 주입되고 온도가 상승하면, 50 - 70℃ 사이, 경화공정이 가속화되고 완료된다.

5.1.2 프리프레그 기술: Prepreg Technology

프리프레그는 "Pre Impregnation"의 약자이고 섬유층과 직물이 수지로 함침되어 균질한 프리커서(precursor, 전구체)를 형성하고 이것이 복합재 부품을 제조하는데 사용된다. 프리프레그를 만들기 위해서 사용되는 수지는 본질적으로 높은 점도를 가지고 있고 상온에서 고체 형태여서 취급, 절단, 몰드에의 적층이 쉽고, 수지로부터 오염이 없다. 산업적 응용을 위해서는 일단 몰드에서 프리프레그가 상승된 온도, 대개 80 – 120℃, 에서 진공하에서 경화된다.

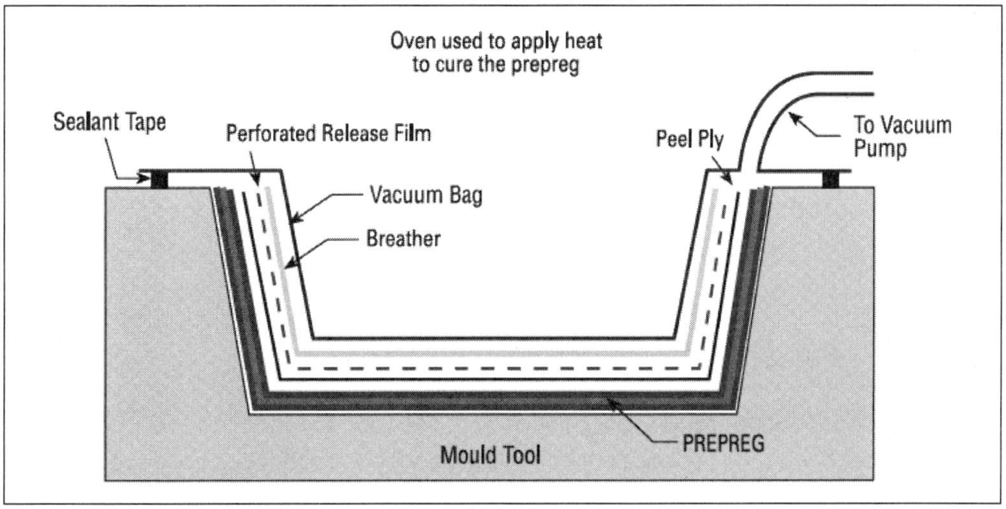

Prepreg Processing Schematic

〈그림5.2 프리프레그 공정 개념〉

프리프레그는 롤 형태로 공급되고 여러 가지 장점을 제공한다. 장점들은 고도로 제어된 수지 함량, 인퓨젼보다 성능이 높은 수지, 일방향 프리프레그에서 잘 제어된 배열(기계적 성능을 위한 중심적 장점), 빠른 적층속도와 자동화 능력 등 이다. 하지만 고성능 수지가 들어있어 저온 저장 및 운송에 대한 요구사항과 "prepregging" 해야 하는 추가적인 제조단계가 요구되어 프리프레그는 인퓨젼 공정에서 사용되는 동급의 수지와 보강재보다 kg당 단가 더 비싸다. 더구나 프리프레그를 경화하기 위한 상승되는 공정온도는 tooling cost(역자 주: 공정을 위한 공구 및 장비 설치 비용)을 또한 증가시킨다. 하지만 프리프레그는 공정의 신뢰성과 재현성, 높은 수준의 자동화공정, 더 높은 기계적 성능, 탄소섬유의 활용 가능성(탄소섬유의 인퓨젼은 어려울 것으로 판단됨) 측면에서 몇 가지 장점이 있다.

5.2 방법론의 요약 - Summary of Methodology

두 제조방법의 재무분석(financial analysis)을 하기 위하여 블레이드 모델이 개발되었다. 모델의 개발에서 많은 가정이 사용되었고 결과로서 재무분석 결과는 단지 정성적 측면에서만 유용하다. 하지만 모델에 대한 경제성 분석의 시도는 핵심 파라메터의 명확한 식별과 블레이드 비용에의 파라메터의 영향을 알아볼 수 있게 한다. 불행하게도 모델은 블레이드 제조에 대한 분석만을 제공하고 사용수명과 성능을 고려하지 않고 있다. 사용수명과 성능은 블레이드의 전주기(life-cycle)비용에 큰 영향을 미친다. 블레이드 모델은 아래 단계를 거쳐서 이루어졌다.

- 35m 블레이드 형상과 Class I 하중과 고정팁 변위(deflection)에 근거한 구조설계
- 인퓨젼과 프리프레그 구조설계를 위한 재료명세서(Bill of Materials)의 산출
- 스파와 쉘부품을 위한 상세제조 과정으로부터 블레이드제조에 요구되는 직접인건비 결정
- 4개의 몰드세트에 기반을 둔 연간 간접인건비와 연간 공장 오버헤드의 결정
- 공장 CAPEX(자본지출: capital expenditure)와 연간 감가상각의 결정
- Tooling CAPEX와 연간 감가상각의 결정
- 연간 공장 생산의 재무분석: 블레이드 비용, 이익, 자산의 회전, 총자산의 수익률

각 단계는 아래에 가정을 하고 비교결과를 제시하면서 자세하게 설명하였다.

5.3 블레이드 구조설계 - Blade Structural Design

5.3.1 블레이드 개요: Blade Overview

블레이드 모델은 쉘과 박스 스파의 구조를 사용하여 만든 35m 블레이드에 근거한다. 블레이드는 pre-bend형(역자 주: 설계시 팁 부분을 미리 굽어지게 한 형태)이 아니다. 인퓨젼과 프리프레그로 만든 블레이드의 **구조 배치**는 구조용 박스스파 부위이다. 즉, 1차 구조재로서 두 개의 일방향 스파캡과 2축형 샌드위치 전단 웹으로 되어 있다.

루트 부위는 박스 스파에 결합된다.

박스 스파는 블레이드의 앞전과 뒷전에서 만나는 두 공기역학적 쉘 페어링(유선형 구조물)을 지지한다.

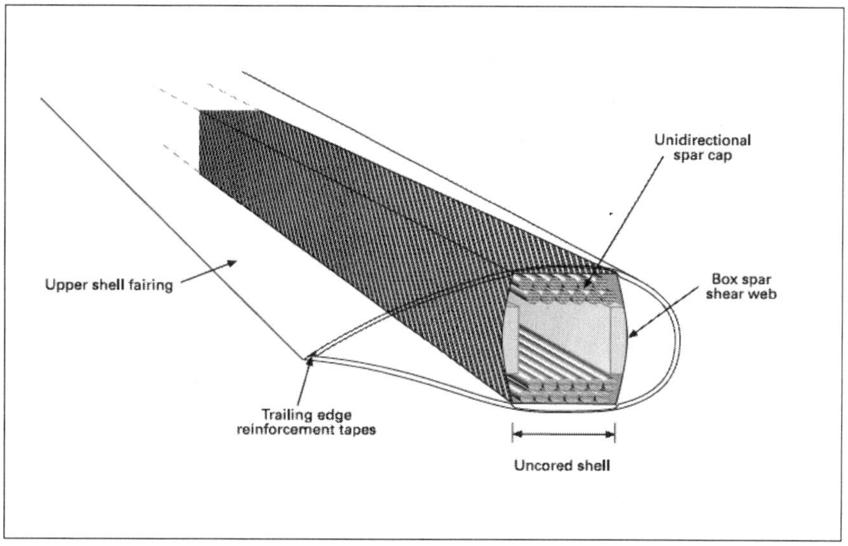

Blade Construction

〈그림5.3 블레이드 구조〉

5.3.2 블레이드 구조 옵션: Blade Construction Options

위에 설명한 블레이드 구조 형상은 아래 재료 옵션을 비교하기 위하여 공통기준으로 사용된다.

- E-glass 인퓨젼 박스 스파와 쉘
- E-glass 프리프레그 박스 스파와 쉘

5.3.3 하중: Loads

비교 연구는 이 크기 블레이드의 구조설계의 추진력이 되는 등가 강성도에 기반을 둔다. 플랩방향의 강성은 블레이드 팁이 타워에 닿지 않기 위하여, 그리고 1차 굽힘 고유진동수 대비 로터 진동수의 비가 공진을 회피할 만큼 충분하게 클 것을 요구한다.

이 경우에는 목표 플랩방향 팁 굽힘(타워 쪽으로)은 두 설계 옵션을 만족하도록 선정된다. 더구나 이 목표 굽힘은 모든 블레이드 설계가 요구되는 최소 극한강도 기준을 만족하거나 초과함을 보증하도록 보정된다. 이 보정의 결과 블레이드의 강성도는 최적화된 블레이드 설계에 요구되는 것보다 훨씬 높다. 피로강도는 비교연구에 기준한 강성에 대하여 고려되지 않았다.

최소 강도 기준은 4개의 극한하중케이스에 관계된다. 여기에서 공기역학적 하중은 극한강풍과 플랩방향 굽힘(타워 쪽으로 혹은 타워로부터), 에지방향 굽힘(회전방향으로 혹은 반대방향으로)을 야기하는 바람변화를 나타내기 위하여 계산된다.

공탄성 모델은 대응하는 부위의 전단력, 굽힘모멘트와 토크를 계산하기 위하여 사용되었다. 극한 설계하중은 이 값에 GL이 요구하는 종합 하중인자 1.5를 곱함으로 얻어졌다. 위의 공기역학적 하중에 최종 강성도와 관성분포(inertia distribution)의 영향을 산정하기 위하여 공탄성 반복계산은 하지 않았음을 참고하라.

5.3.4 설계 허용치: Design Allowables

스트레스/스트레인의 허용치는 재료의 설계강도로 알려져 있는데, 이것은 재료특성치를 부분안전율로 나눠서 계산된다.

$$R_d = R_k / \gamma_{Mx} \qquad \text{(Equation 1)}$$

특성치 R_k는 통계식으로부터 결정되는데, 이 통계식은 시험데이터의 신뢰도를 정량화한 것이다. 그러므로 시험결과에서 변동폭이 클수록(큰 표준편차와 변동계수) 특성치는 낮다. 시험결과가 재현성이 있으면, 즉, 낮은 표준편차와 변동계수가 주어지면, 특성치는 평균시험결과에 아주 가깝다. 아래와 같이 특성치는 Germanischer Lloyd(GL) Rules and Regulations에서 문서화된 절차 따라 계산된다.

$$R_k(5\%, 95\%, v, n) = x\left[1 - v\left[1.645 + \frac{1.645}{\sqrt{n}}\right]\right] \qquad \text{(Equation 2)}$$

여기에서 x는 시험값의 평균이고 v는 변동계수이고, n은 시험횟수 이다. 특성치는 또한 시험횟수가 감소함에 따라 감소하게 된다. 하지만 이 변화정도는 변동계수의 영향에 비교하면 작다.

부분 안전율, γ_{Mx}는 총 정적강도/강성해석과 피로해석을 위해서 각각에 대하여 계산된다. 부분 안전율은 Equation 3을 사용하여 얻어진다.

$$\gamma_{Mx} = \gamma_{M0} \times \Pi C_{ix} \qquad \text{(Equation 3)}$$

여기에서 정적 및 피로해석에 대해서는 총 안전율, γ_{M0}=1.35가 사용된다. GL이 제공하는 부분 안전율은 아래와 같고 여기에서 N은 피로사이클의 숫자이다(10,000,000).

〈표5.1 GL의 부분안전계수〉

Factor	General Strength	Fatigue
General Safety Factor	1.35	1.35
Ageing – C_1	1.35	$N^{1/10}/N^{1/14}$ (E-Glass or Carbon)
Temperature – C_2	1.1	1.1
Manufacture – C_3	1.1	1.0/1.1 (U/D or stitched)
Post-cure – C_4	1.0	1.0
Total Material Safety Factor	**2.21**	**7.44/8.18**

그러므로 Equation 1에서는 운영중에 블레이드 복합재에서 발생할 수 있는 최대 설계허용강도가 계산된다. 복합재 구조물내의 다른 재료물성 때문에 설계는 스트레인값을 사용하여 이루어진다. 왜냐하면 이 스트레인값은 일반적으로 이방성 복합재 구조물 전반에서 일정하기 때문이다. 허용 스트레인값은 특성강도값을 평균 모듈러스로 나누고 순차적으로 재료의 부분안전율로 나눈 값을 사용하여 계산된다. 몇 개의 대표적인 값들이 아래 표에서 설명된다.

〈표5.2 재료 설계허용치〉

Material	Test	Char. Strength (MPa)	Modulus	GL Partial Safety Factor	Design Allowable
Prepreg UD 1600g	Tensile Strength	952	42.0	2.21	1.02%
Prepreg UD 1600g	Compressive strength	687	42.0	2.21	-0.74%
Infusion UTE 800g	Tensile Strength	821	37.8	2.21	0.98%
Infusion UTE 800g	Compressive strength	511	37.8	2.21	-0.61%
Prepreg UD 1600g	Fatigue ($10e^7$)	952	42.0	7.44	0.30%
Infusion UTE 800g	Fatigue ($10e^7$)	821	37.8	8.18	0.26%

위의 표에 있는 값들에서는 프리프레그 설계허용치가 인퓨젼 공정에서의 값보다 높고 특히 압축하중에 대해서 더 높다는 것을 보여준다. 이것은 프리프레그에 있는 고성능 수지가 섬유의 좌굴을 방지하고 같은 방향으로 된 일방향 프리프레그의 높은 섬유 배열에 기인하다. 인퓨젼 공정은 낮은 점도와 어느 정도의 섬유 파형을 가져오는 재봉된 일방향 직물을 사용하는 요구사항 때문에 약간 낮은 성능의 수지를 사용하게 된다. 최종적인 결론은 설계자가 프리프레그에 대해서는 보다 높은 설계허용치를 사용할 수 있고 블레이드의 재료함량을 줄일 수 있다.

5.3.5 블레이드 설계프로그램: Blade Design Program(“BDP”)

BDP는 사실상 블레이드 박스 구조형 스파와 지지된 블레이드 쉘의 해석을 수행하기 위하여 준비된 상세 칸티레버보(cantilever beam) 모델이다. 가느다란 보이론(beam theory) 가정들이 BDP모델(단면의 전단변형이 없음)에 적용된다. 다항식으로 된 커브피팅(곡선맞춤, curve fitting) 함수가 블레이드 형상의 편리한 해석적 표현을 위하여 사용된다.

블레이드 모델은 입력section(typ. spacing 1m)사이를 직선 보간법으로 생성된 중간 세부 section(typ. section spacing 0.2m)을 가진 많은 수의 section으로 나누어진다. 각 블레이드는 12요소로 나누어진다. 이 요소들은 아래 그림에서 보이는 여러 개의 적층판 구간(laminate zone)으로 그룹화 된다.

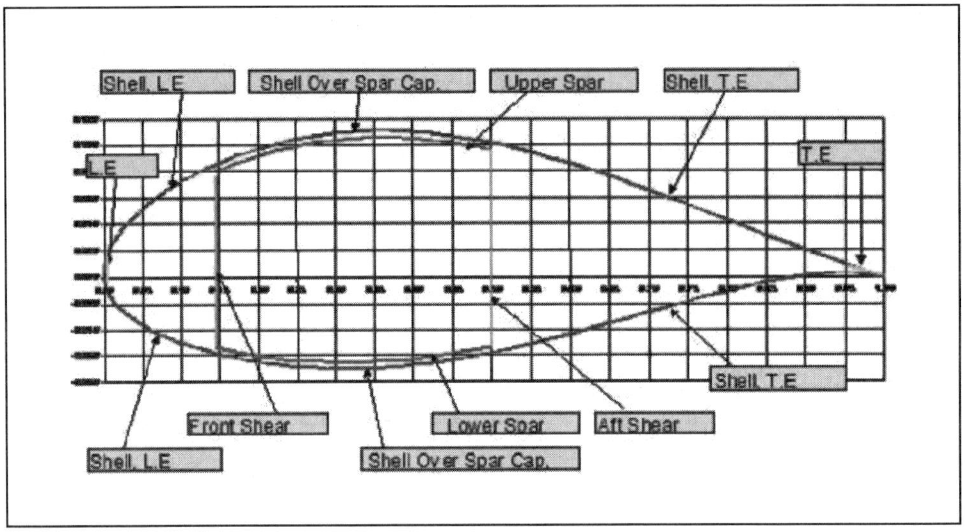

〈그림5.4 블레이드 단면과 요소〉

블레이드를 따라 각 zone은 적층 입력치를 가지고 복합재 물성은 고전적층판이론(CLT, classical laminate theory)에 기반하여 계산된다. 굽힘강성 EI_{xx}, EI_{yy}, EI_{xy}는 section 주위의 각 요소로부터 기여하는 것들을 더해서 계산된다. 비슷한 계산이 각 section의 전단중심과 비틀림 강성(GJ) 물성에 대하여 수행된다. 무게중심(CG, center of gravity)과 상세 질량분포도 계산된다.
이 정보는 차례로 각 하중케이스에 대하여 요구되는 결과물을 계산하는데 사용된다.

- Deflection curves
- Strain chordwise and spanwise distributions
- First bending natural frequency(Rayleigh' s quotient)
- Mass estimate
- Bill of materials(BOM)

5.3.6 결과: Results

블레이드의 설계 결과물은 아래 table에 요약하였다. 주의해야 할 사항은 중량과 강성도 분포의 결정이 따르는 하중 반복단계는 진행되지 않았다는 것이다. 프리프레그로 제조된 블레이드의 중량 감소는 정하중 및 동하중을 감소시키고 따라서 설계의 반복(design iteration)은 적층복합재료의 추가적인 최적화를 가져다 준다.

〈표5.3 블레이드 설계 결과물〉

Blade Design Parameter	Infusion	Prepreg
Tip Deflection (m)	2.53	2.53
Lead-Lag Deflection (m)	0.21	0.27
Flapwise Frequency (Hz)	1.142	1.359
Blade Mass (kg)	6,186	4,987
Rotational Inertia (kgm^2)	4.87 x106	3.79 x106

5.4 재료 명세서 - Bill of Materials(BOM)

블레이드 설계 프로그램에서 나오는 결과는 순재료 요구사항을 제공하지만 각 제조공정과 관련한 재료의 낭비나 과잉 소모의 정도를 고려하지는 않는다. 따라서 이런 사항을 BOM에 감안할 필요가 있다. 총 재료의 요구량을 계산하기 위하여 이 모델에 사용된 가정은 아래와 같다.

-미함침 직물과 프리프레그에 대한 5% 추가 소모량. kitting과 nesting(역자 주: kit로 만들고 쌓아서 끼워 맞추기(nest) 위한 작업으로 스크랩 발생이 필수적임)의 비효율성의 결과
-인퓨전용 기지재료 10% 추가 소모. 코어와 인퓨전 설비에서의 수지의 추가 소모의 결과
-코어를 kit화하는데 발생하는 8% 낭비. kitting과 nesting에 따른 비효율성의 결과
-접착제 20% 추가 소모. 제조 결합라인에 요구되는 접착제의 양과 이론적 요구량과의 차이에서 오는 결과

블레이드 설계 프로그램으로부터 나오는 BOM결과물은 아래 표에 요약된다.

〈표5.4 재료명세서(복합재료)〉

Material Component	Infusion BOM	Prepreg BOM
Biax 600gsm (XE600)	960 m^2	588 m^2
Triax 900gsm (YE900)	485 m^2	522 m^2
Uni-directional (EGL1600)	1,451 m^2	1,247 m^2
Fleece surface veil	140 m^2	-
Core (PVC/SAN 80kg)	3.38 m^3	3.38 m^3
Structural adhesive	263 kg	263 kg
Gelcoat	70 kg	70 kg

복합재료에 대한 BOM에 더하여 블레이드에서 다른 중요한 사항의 비용에 대하여 몇 가지 가정이 이루어졌다. 인퓨전과 프리프레그 블레이드에서 진공 소모품들에 대하여 별도 견적이 제공되었다. 이 가정들은 아래 표에 요약되었다.

〈표5.5 재료명세서(추가 물품)〉

Item	BOM Cost (€)
Root Studs	1,800
Lightening Protection	1,500
Painting	3,000
Vacuum Consumables	€ 1,000/€ 500

각 모델에 대하여 총 복합재료 비용을 산출하기 위하여, 추가적인 소모율(consumption fators)과 현 시장의 volume pricing(2009년 4월)을 사용하여 블레이드 설계 결과로 부터 복합재 BOM이 환산(convert) 되었다. 블레이드에 대한 최종 BOM을 주기위하여 추가 품목이 두 모델에 더해졌다. 그 결과는 아래 표에 요약된다.

〈표5.6 재료명세서(인퓨젼 vs 프리프레그)〉

Material Option	BOM Cost (€)
Infusion Technology	26,849
Prepreg Technology	30,312

5.5 직접경비 - Direct Costs

직접 제조비용은 스파와 쉘 부품의 제조에서 각 공정단계의 분석으로부터 추정된다. 간단히 하기 위하여 루트부위의 제조와 루트 나사봉의 체결은 스파 제조공정에 포함된다. 블레이드의 루트 부위에 대해서는 여러 가지 다른 해결방법이 있기 때문에 인퓨젼과 프리프레그 블레이드 모델에 대하여 시간과 투입자원의 총 예상치가 제공된다.

각 공정단계에 요구되는 인건비는 각 단계에 대하여 경과된 총 tooling시간과 함께 추산된다. 쉘과 스파 부품의 제조에 요구되는 인건비와 시간에 대한 요약이 뒷면의 표에 주어진다.

〈표5.7 쉘 제조를 위한 노무 및 시간〉

Process	Infusion		Prepreg	
	hrs	labour	hrs	labour
Mould Preparation	0.5	4	0.5	4
Gelcoat Application	0.5	12	0.5	12
Gelcoat Part-cure	0.5	1	0.5	1
Tissue Application	0.5	12		
Fabric/Prepreg Lay-up	5	12	4	12
Vacuum Bag Application	1	4	0.5	4
Infusion	2.5	12		
Cure	5	1	5	1
Consumable Removal	0.5	6	0.5	6
Adhesive Application	1	6	1	6
Adhesive Cure	5	1	5	1
Demould	1	6	1	6
Total Mould Time	**23**		**18.5**	

〈표5.8 스파 제조를 위한 노무 및 시간〉

Process	Infusion		Prepreg	
	hrs	labour	hrs	labour
Mould Preparation	0.5	4	0.5	4
Fabric/Prepreg Lay-up	4	6	3.5	6
Root Studs	5	2	5	2
Vacuum Bag Application	0.5	4	0.5	4
Infusion	1.5	6		
Cure	5	1	5	1
Consumable Removal	0.5	4	0.5	4
Demould	1	4	1	4
Total Mould Time	**18**		**16**	

부품제조에 대한 직접인건비에 더하여 적층전에 직물과 프리프레그를 사전 kit화하는 작업에 소요되는 인건비에 대한 추산도 이루어진다. 이 모델의 목적을 위하여 프리프레그와 미함침 직물의 사전 kit화에 적용되는 시간과 인건비는 동일하다고 가정하였다. 이렇게 하면 2명이 전 블레이드에 대하여 6시간 동안 kit화 작업을 한다는 조건하에 360€의 추가 직접인건비가 나온다.

블레이드 제조에 총 직접인건비는 표준인건비 요율 30€/hr이다. 쉘 제조를 위한 총 몰드 시간은 또한 계산되었는데, 왜냐하면 각 복합재료기술 공정에 대한 블레이드 공장의 생산용량을 결정할 필요가 있기 때문이다. 연간 공장 생산량은 각 블레이드에 대하여 인프라 및 tooling CAPEX의 간접비용과 감가상각비용을 할당하는데 사용된다. 총 직접비용은 아래에 요약된다.

〈표5.9 총 직접비용〉

	Infusion Blade	Prepreg Blade
Direct Labour (€)	6,105	4,245

5.6 간접경비 - Indirect Costs

4개의 생산라인용 바닥 공간을 가진 제조공장과 그 공장 운영과 관련된 간접노무비를 고려하여 간접비용이 결정되었다. 연간 블레이드 생산량은 각 블레이드에 대한 연간 간접비용을 할당하는데 사용된다.

5.6.1 간접노무비: Indirect Labour

연간 간접 노무비는 아래 테이블과 같이 머릿수 가정을 사용하여 계산되었다.

〈표5.10 간접노무비〉

Position	No
Plant Manager	1
Maintenance Manager	1
Warehouse	1
Process Engineer	2
Quality Engineer	3
Electrical technician	1
Maintenance technician	1
Security	1
Production Manager	1
Planning and Logistics	1
Finance	1
Total	**€770,000**

5.6.2 유틸리티 비용: Utility Cost

유틸리티 비용은 가스, 전기, 전화요금 등으로 유사한 에너지 수요를 가진 유럽의 제조공장의 경우를 활용하였다. 프리프레그 재료의 더 높은 경화온도 때문에 인퓨전 공정의 에너지 소모량은 프레프레그 공정 소모량의 65%라고 가정한다.

〈표5.11 유틸리티 비용〉

	Infusion Blade	Prepreg Blade
Utility Costs (€/annum)	549,500	695,500

연간 총 간접비용은 아래 요약된다. 이 비용들은 Section 5.8에 자세하게 언급하듯이 블레이드에 대하여 할당된다.

〈표5.12 총 연간 간접비용〉

	Infusion Blade	Prepreg Blade
Indirect Cost (€/annum)	1,319,900	1,465,500

5.7 자본지출 - CAPEX(Capital Expenditure)

CAPEX는 제조공장 인프라와 tooling 및 관련된 제조장비로 나누어진다.

5.7.1 블레이드 공장 인프라: Blade Plant Infrastructure

4개 블레이드 생산라인을 가진 제조공장에 대한 CAPEX요구사항은 토지와 건물에 대하여 550€/㎡라는 명목상 액면가를 사용하여 추산된다. 요구되는 바닥면적에 대한 추산은 아래 표에 요약된다.

〈표5.13 제조공장 규모〉

Floor Space	sqm
Warehouse and Administration	1,000
Spars	4,000
Shells	6,000
Finishing	4,000
Total	**15,000**

기계 및 전기(M&E, machine and electricity) CAPEX는 프리프레그와 인퓨젼기술에 대하여 각각 공장토지와 건물의 66%와 44%로 추정하였다. 프리프레그 기술에 대하여 M&E 비용이 더 높은 것은 프리프레그 재료의 보관 및 사용에서 높은 수준의 환경온도의 제어와 높은 수준의 자동화에 대한 요구사항 때문인 것으로 추정된다. 총 블레이드 공장 인프라 CAPEX는 20년간 감가상각이 이루어진다. CAPEX 요구사항은 아래에 요약된다.

〈표5.14 공장 자본지출〉

	Infusion Blade	Prepreg Blade
Total Plant CAPEX (€)	12,150,000	14,350,000

5.7.2 툴링 CAPEX: Tooling CAPEX

Tooling 비용분석은 표준 마스터모델 접근법에 기초하였다. 여기서 CNC(computer numerical control)로 가공된 숫몰드형(plug)는 쉘과 스파의 암(female) 몰드를 제조하기 위해서 만들어진다.

블레이드 설계와 제조에 대한 두 가지 공통적인 접근방법은 "구조 박스 스파를 가진 비구조형 쉘(이 연구에서 사용됨)과 통합된 스파캡과 전단웹 연결품으로 된 구조 쉘" 이다. 구조 박스 스파 설계는 제조상에서 몇 가지 잇점이 있고 루트부위의 통합제조를 가능케 한다. 하지만 박스 스파에 암 몰드를 가지게 되어 전단웹을 사용하는 방법에 비교하여 tooling 비용이 증가한다. 단순화를 위하여 이 연구에서는 암몰드 박스 스파 제조과정이 인퓨젼과 프리프레그 블레이드 설계에 적용되었다.

Tooling CAPEX에 대한 아래 추산내용은 더 높은 온도 성능이 요구되기 때문에 프리프레그 tooling에 대해서는 50% 할증비용이 소요된다는 가정에 기초하였다.

〈표5.15 툴링 CAPEX〉

Item	No	Item cost (€)	Total (€)
Prepreg			
Shell Mould Set	4	650,000	2,600,000
Shell Plug	1	400,000	400,000
Spar Mould Set	4	300,000	1,200,000
Spar Plug	1	225.000	225,000
Kitting Machine	2	150,000	300,000
Total		**1,725,000**	**4,725,000**
Infusion			
Shell Mould Set	4	433,290	1,733,160
Shell Plug	1	400,000	400,000
Spar Mould Set	4	199,980	799,920
Spar Plug	1	225,000	225,000
Kitting Machine	2	150,000	300,000
Total		**1,408,270**	**3,458,080**

연간 감가상각율을 산출하기 위하여 뒷 페이지의 표에 tooling과 플러그에 대해서는 5년, kit화 작업 설비는 10년간에 걸쳐 CAPEX가 감가상각 되었다.

〈표5.16 연간 감가상각비〉

Item	Depreciation (€/annum)
Prepreg	
Shell Mould Set	520,000
Shell Plug	80,000
Spar Mould Set	240,000
Spar Plug	45.000
Kitting Machine	30,000
Total	**915,000**
Infusion	
Shell Mould Set	346,600
Shell Plug	80,000
Spar Mould Set	160,000
Spar Plug	45.000
Kitting Machine	30,000
Total	**661,616**

5.8 간접 및 감가상각비용 할당 - Allocation of Indirect and Depreciation Costs

연간 간접비용과 연간 툴링비용의 할당은 블레이드 공장의 생산성에 기준을 두고 수행하였다. 생산성은 쉘몰드 사이클(블레이드 생산의 단계를 결정하는 속도), 24/7(역자 주: 7days/24hrs)로 1년 49주의 운영스케듈, 그리고 85%의 쉘 몰드 사용 효율 등을 고려하여 계산되었다. 생산성 데이터는 아래 요약된다.

〈표5.17 블레이드 생산성〉

Position	Infusion	Prepreg
Shell Mould Cycle Time (hrs)	23.0	18.5
Operational Days/Annum	340	340
Operational efficiency	85%	85%
Number of Moulds	4	4
Theoretical Blades/Annum	1,206	1,500

연간 간접비용과 감가상각은 뒷장에 설명하는 바와 같이 각 블레이드에 대해서 할당되었다. 프리프레그 블레이드 공장의 더 높은 생산성은 개별 블레이드 비용에 간접비용과 감각상각 비용의 할당이 감소시킨다.

〈표5.18 블레이드 비용할당〉

	Infusion Blade	Prepreg Blade
Indirect Cost (€/blade)	1,094	977
Plant Deprecation (€/blade)	504	478
Tooling Deprecation (€/blade)	548	610
Total Allocation	**2,146**	**2,065**

5.9 재무분석 결과와 비율 - Financial Results and Ratio

블레이드를 제조하는 비용의 계산은 이론적 블레이드 설계와 제조 모델을 분석하여 얻었다. 구조공학적 연구는 인퓨전과 프리프레그 제조기술에 대한 BOM의 계산을 가능케 하였다. 제조공정, 자본설비, 제조설비를 검토하여 블레이드 제조와 관련된 직접 및 간접비용 요소를 계산하였다. 이 비용에 대한 요약이 아래 표에 제공된다.

〈표5.19 블레이드 비용요약〉

	Infusion Blade	Prepreg Blade
BOM Cost (€)	26,849	30,312
Direct Labour Costs (€)	6,105	4,245
Indirect Labour Costs (€)	1,094	977
Depreciation (€)	1,052	1,089
Total Blade Cost (€)	**35,101**	**36,623**

개별 블레이드 비용의 계산은 두 제조공정사이의 차이점에 대한 완벽한 재정적 측면의 전망(picture)을 제공하지는 않는다. **두 종류의 블레이드 공장의 생산성의 차이 때문에 연간 재정적 성과에 대한 영향(impact)이 있고 단순 P&L(손익, profit and loss) 경제성 분석과 공통적 financial ratio를 사용하여 생산성이 가장 잘 표현된다.** 이 분석에서 주요 가정은 두 블레이드의 시장에서 판매가격은 40,000€로 같다는 것이다. P&L 분석은 다음 페이지 표에 요약된다.

<표5.20 블레이드 공장의 손익>

	Infusion Blade	Prepreg Blade
Gross Sales (€)	48,240,000	60,000,000
Material Costs (€)	32,380,180	45,467,912
Direct Costs (€)	7,362,630	6,367,500
Indirect Costs (€)	1,319,900	1,465,500
Depreciation (€)	1,269,116	1,632,500
EBIT (€)	5,908,174	5,066,588
EBIT %	12.2%	8.4%
Total CAPEX (€)	12,150,000	14,350,000
Asset Turn	3.97	4.18
ROTA (EBIT x AT)	49%	35%

인퓨젼으로 연 1,206개의 블레이드 생산에 비교하여 프리프레그는 1,500개의 높은 생산성을 보이기 때문에 블레이드 개당 고정간접비용의 할당과 감가상각비의 회복은 감소된다. 이 사항은 프리프레그 재료의 높은 가격과 프리프레그 재료에 요구되는 많은 자본투자의 요구사항에서 오는 관련된 추가적인 감가상각을 상쇄한다. 하지만 블레이드 비용에 기여하는 대부분이 재료에 관련되기 때문에 35m 인퓨젼 블레이드는 프리프레그 블레이드에 비교하여 전체 비용측면에서 더 낮다.

이 모델에서 정량화하기 어려운 포함되지 않은 추가 비용들이 있다. 수리비용은 포함되지 않았지만 프리프레그 공정의 신뢰성은 인퓨젼공정에 비교하여 재작업 비용을 감소시킨다. 프리프레그 블레이드의 무게 감량에서 오는 잇점은 정량화하기 더욱 어렵다. 왜냐하면 터빈의 다른 부품의 사용수명에 영향을 미치기 때문이다. 하지만 만일 전체 터빈시스템이 가벼운 블레이드로 완전 통합설계 방안을 이용하여 최적화된다면 무게에서 오는 혜택은 현실화 될 수도 있다.

모델 검증: Model validation

현재 35m 인퓨젼 블레이드의 현재 시장가격이 약 $50,000가 지표가 된다. 2009년 환율이 1.3€/$이면 블레이드 시장 가격은 약 38,000€이다. 그 모델에서 인퓨젼 블레이드에 대한 비용 추산은 10% 높다. 따라서 좋은 연관관계를 보여준다.

5.10 요약 - Summary

두 재료로 블레이드를 제조하는 기술, 즉, 수지 인퓨젼과 프리프레그 기술을 이용하여 블레이드 제조비용을 분석하기 위하여 35m 블레이드 설계 모델이 제시되었다. 이 분석의 요약은 아래와 같다.

- 모델 검증은 35m 블레이드의 현 시장 가격과 좋은 상관관계를 보여준다.
- 프리프레그 재료의 높은 기계적 물성과 특히 일방향 유리섬유의 압축강도는 인퓨젼 방법보다 낮은 재료함량을 가지고서도 가벼운 블레이드를 설계할 수 있게 한다.
- 프리프레그 재료에 대한 BOM 비용은 인퓨젼 블레이드의 비용보다 높다. 프리프레그 제조공정에 따른 본질적인 추가 비용과 프리프레그에 사용되는 성능이 높은 수지 때문 이다.
- 프리프레그 공정에 대한 CAPEX는 인퓨젼보다 높다. Tooling의 높은 온도 요구사항과 보관 및 프리프레그 재료의 사용시 필요한 추가적인 온도 조절 요구사항 때문이다.
- 프리프레그 블레이드 제조는 자동화공정에 더 적합하고 짧은 제조 사이클 시간 때문에 향상된 생산성을 가져다 준다. 이 생산성은 부분적으로 프리프레그 재료비용의 할증비용을 상쇄한다.
- 결과적인 재무분석이 다음 사항을 지적한다. 비록 프리프레그 설비가 24%의 생산성이 높은 장점이 있지만, 35m 블레이드 설계에서 인퓨젼 공정은 프리프레그 블레이드 보다 더 수익이 높다.

분석은 35m 풍력터빈 블레이드의 제조비용에 기여하는 요인들에 강조되어 있다. 분석에서 정량화 되지 않은 것은 공정의 신뢰성과 수리 빈도에 대한 제조공정의 영향, 그리고 블레이드의 사용중 성능과 신뢰성이다. 이 전주기 사용 비용은 전체 비용에 중요하게 기여하는 요인이 될 수 있고 제조기술의 선정을 평가할 때 중요한 인자로 고려되어야 한다.

현 분석은 35m 블레이드 설계에 기반을 두었는데 이 블레이드가 1.5MW 풍력터빈의 주류 블레이드 크기를 대표하고 있어 좋은 baseline(기준이 되는)연구를 제공한다. 블레이드 길이가 40m 이상 연장됨에 따라 설계의 선정은 더 중요하게 된다. 왜냐하면 무게와 강도가 설계를 제한하는 인자가 되기 때문이다. 그러므로 재료기술을 선정하는 기준은 재료의 가격에서 블레이드 구조의 중요(critical) 핵심부품의 성능 쪽으로 옮겨갈 것이다. 이런 현상은 프리프레그 같이 보다 성능이 높은 재료를 사용하거나 궁극적으로 일방향 유리섬유에서 탄소섬유로 변환하게 되면 현실화 될 것이다.

(ㅊ)

(ㅋ)

(ㅌ)

(ㅍ)

(ㅎ)

역자약력

황 병선

현 한국기계연구원 부설 재료연구소 책임연구원
현 군산대학교 겸임교수
University of Dayton, 기계공학과 박사
한국기계연구원 재료공정연구부장
재료연구소 풍력핵심기술연구센터장
재료연구소 복합재료연구센터장
한국에너지기술평가원 R&D 풍력 PD
경남풍력산업교류회장
전북과학기술위원회 위원

박 지상

현 재료연구소 실용화연구단 책임연구원
KAIST 항공우주공학 박사
재료연구소 풍력핵심기술연구샌터장
재료연구소 복합재료구조시스템연구실장

풍력터빈 블레이드 기술
Wind Turbine Blade Technology

A-JIN

지은이와 협의 인지 생략

인　　쇄 : 2016년 6월 20일
발　　행 : 2016년 6월 30일
역　　자 : 황병선, 박지상
발 행 처 : 도서출판 아진
16006
경기도 의왕시 이미로 40 (포일동 653)
인덕원 IT밸리 A동 1019호
TEL:02-737-0663 FAX:02-737-0664
Homepage:ajin.to
가. E-mail:kgb@ajin.to
발 행 인 : 김 근 배
등록번호 : 제330-1995-56호
I S B N : 978-89-5761-503-4 93550

가격 25,000원